数字媒体技术与创意应用研究

寇小明 ◎ 著

中国戏剧出版社
CHINA THEATRE PRESS

图书在版编目（CIP）数据

数字媒体技术与创意应用研究 / 寇小明著. -- 北京：中国戏剧出版社，2024.11. -- ISBN 978-7-104-05599-0

Ⅰ．TP37

中国国家版本馆CIP数据核字第2024BJ3315号

数字媒体技术与创意应用研究

责任编辑：杨秋伟
责任印制：冯志强

出版发行	中国戏剧出版社
出 版 人	樊国宾
社　　址	北京市西城区天宁寺前街2号国家音乐产业基地L座
邮　　编	100055
网　　址	www.theatrebook.cn
电　　话	010-63385980（总编室）　　010-63381560（发行部）
传　　真	010-63381560

读者服务：010-63381560
邮购地址：北京市西城区天宁寺前街2号国家音乐产业基地L座

印　　刷	廊坊市印艺阁数字科技有限公司
开　　本	787mm×1092mm　1/16
印　　张	10.5
字　　数	210千字
版　　次	2024年11月　北京第1版第1次印刷
书　　号	ISBN 978-7-104-05599-0
定　　价	62.00元

版权专有，违者必究；如有质量问题，请与出版社联系调换。

前　言

　　数字媒体兴起于 1995 年,是计算机技术、网络技术与媒体技术融合的产物。进入 21 世纪以来,数字媒体产业基于数字技术、网络技术及文化产业的融合,借助数字、新材料、移动互联网、人工智能、虚拟现实等技术,以文化产业发展需求为中心提高文化产业自主创新能力,提高技术的研发水平与能力,具有高技术含量、高人力资本含量和高附加值等特点。要发展具有竞争力的数字媒体产业,必须有数字媒体技术的支撑和引领。

　　数字媒体技术是 20 世纪 90 年代开始应用的新技术,它融合了数字信息处理技术、计算机技术、数字通信和网络技术等,是借助现代计算机技术以及通信技术来对数字化的文字、声音、图像等进行处理,将原本并不抽象的信息转化为可以进行管理和可以被感知的、可交互的信息的一种技术。在数字媒体技术的发展中,科学技术、信息技术及数字科学技术等都能为数字媒体技术提供相应的指导,并且可以整合文化、教育、艺术等相关的理论,这些都建立在新时代艺术的辅助和大众传播理论的基础之上。当前数字媒体技术已经实现了对文字、语言及电子技术的超越,数字媒体成为当前最新的信息载体。

　　在数字媒体技术中,数字化表达是最为突出的特点。当前网络技术实现了突飞猛进,不同系统之间存在数据传输问题,计算机处理这些数据时就需要借助接收设备来进行数字化转换,将其转化为数字信号,一般为数字、图片或者视频。数字媒体通常具备信息无限重复传播的特点,根据该特点,数字媒体可以实现数字的多样化。传统媒体的制作需要耗费较长的时间,数字媒体可以有效解决类似的问题。例如,将数字媒体技术融入大型的活动中,可以实现对数字媒体技术的充分挖掘,借助计算机这一媒介进行展示可以使得活动的效率大幅提高。

　　数字媒体技术随着社会的发展在各个领域得到了广泛应用,起到了积极的推动作用,并且还实现了生产效率的提高以及对互联网技术的突破。随着数字媒体技术的广泛应用,当前我国大部分企业的改革与调整基于此进行,并将数字媒体技术作为重点,以此来实现自身的长远发展,紧跟时代发展的步伐,促进行业的进步与发展。此外,数字媒体技术会对消费者产生一定的影响,这也间接对各个行业与产业产生影响。同时，数字媒体技术在实践应用中出现了一些问题，只有对这些问题进行有效处理，才能保证数字媒体技术迈向更高的台阶。相关技术人员应该根据实际情况进行深入的调研，对数字媒体技术的未来发展趋势和前景进行预测，加大对数字媒体创新技术以及产品升级的重视程度，以此来开拓新的市场。在未来，数字媒体技术会展现独特的魅力、发挥更大的优势，将带领行业走向新的发展阶段。

全书共五章。第一章是数字媒体技术基础，主要介绍了数字媒体技术的概念与特征、数字媒体技术的发展趋势、数字媒体技术的研究方向和内容。第二章是数字媒体处理技术，主要对数字媒体音频处理技术、数字媒体视频处理技术、数字媒体图像处理技术进行了阐述。第三章是数字媒体制作技术，从数字媒体人机交互技术、数字媒体界面设计技术、数字媒体虚拟现实技术、数字媒体水印制作技术四个方面进行了论述。第四章是数字媒体传播技术，主要对数字媒体传播基础、数字媒体传播中的流媒体技术、数字媒体传播中的通信与网络技术进行了阐述。第五章是数字媒体技术的创意应用，包括数字媒体广告设计、数字动画创意、数字影视后期剪辑应用等内容。

在撰写本书的过程中，笔者参考了诸多学术文献，得到了许多专家学者的帮助，在此表示真诚感谢。但由于笔者水平有限，书中难免有疏漏之处，希望广大同行及时指正。

寇小明

2024 年 9 月

目 录

第一章 数字媒体技术基础 ·· 1
　第一节 数字媒体技术的概念与特征 ··· 1
　第二节 数字媒体技术的发展趋势 ··· 5
　第三节 数字媒体技术的研究方向和内容 ··· 11

第二章 数字媒体处理技术 ·· 14
　第一节 数字媒体音频处理技术 ··· 14
　第二节 数字媒体视频处理技术 ··· 27
　第三节 数字媒体图像处理技术 ··· 44

第三章 数字媒体制作技术 ·· 59
　第一节 数字媒体人机交互技术 ··· 59
　第二节 数字媒体界面设计技术 ··· 69
　第三节 数字媒体虚拟现实技术 ··· 80
　第四节 数字媒体水印制作技术 ··· 108

第四章 数字媒体传播技术 ·· 113
　第一节 数字媒体传播基础 ··· 113
　第二节 数字媒体传播中的流媒体技术 ··· 116
　第三节 数字媒体传播中的通信与网络技术 ······································· 121

第五章 数字媒体技术的创意应用 ································· 132
　第一节 数字媒体广告设计 ··································· 132
　第二节 数字动画创意 ······································· 138
　第三节 数字影视后期剪辑应用 ······························· 147

参考文献 ··· 156

第一章 数字媒体技术基础

数字媒体技术是综合了计算机技术、通信技术、视听技术和信息技术成果的技术。这一技术的发展和应用，标志着信息社会正朝着一个新的方向迈进。本章为数字媒体技术基础，主要就数字媒体技术的概念与特征、数字媒体技术的发展趋势、数字媒体技术的研究方向和内容展开论述。

第一节 数字媒体技术的概念与特征

数字媒体技术包含很多关键技术，以及基于关键技术的综合技术。关键技术包括数字信息处理技术、数字信息的获取与输出技术、数字信息传播技术、数字信息存储技术、数字信息管理与安全技术等。综合技术包括：流媒体技术，其基于数字传输和数字压缩处理技术；计算机动画技术，其基于计算机图形技术；虚拟现实技术，其基于人机交互技术、计算机图形技术和计算机显示技术等。

一、媒体与数字媒体

（一）对媒体的概念界定及类型划分

媒体又称媒介或媒质，其英文是"media"，源于拉丁文"medius"，即中介、中间的意思。媒体是信息表示和传输的载体，包含信息和信息载体两个基本要素。媒体包含两种含义：一种是指传递信息的载体，是由人类发明创造的记录和表述信息的抽象载体，称为媒介，也称为逻辑载体，如文字、符号、图形、编码等；另一种是指存储信息的实体，称为媒质，如纸、磁盘、光盘、磁带、半导体存储器等。

根据国际电信联盟的定义，媒体分为以下五大类。

①感觉媒体。这类媒体有音乐、语言、图形、图像、文本、动画等，直接作

用于人的感觉器官，是可以让人产生视、听、嗅、味、触等感觉的媒体。

②表示媒体。这类媒体一般是人为研究出来的，具体有文字编码、条形码、语言编码、电报码，以及静止图像编码和活动图像编码等，主要是为了传送感觉媒体。借助这一媒体我们可以有效地将感觉媒体存储起来。

③显示媒体。这类媒体主要是对感觉媒体进行显示。具体来说，其可以划分为两种类型：一是输入显示媒体，如摄像机、话筒、键盘等；二是在通信中可以对电信号和感觉媒体进行转换的输出显示媒体，如扬声器、显示器以及打印机等。

④存储媒体。这类媒体主要是指对某种媒体进行存放的载体，也就是对感觉媒体数字化后的代码进行存放的媒体，典型代表有纸张、磁盘、磁带、光盘等。

⑤传播媒体。这类媒体主要是指物理载体，用于传输信息，典型代表有光纤、同轴电缆、双绞线、电磁波等。

（二）对数字媒体的概念界定及类型划分

数字媒体当前已经成为最新的信息载体，超越了语言、文字以及电子技术，其通过图像、文字、音频、视频等各种数字化的形式记录、处理、传播信息。将数字化技术运用到传播形式和传播内容中，就是信息采集、信息存取、信息加工和信息分发的数字化过程。

关于数字媒体的概念，我国在2005年12月发布的《2005中国数字媒体技术发展白皮书》中进行了明确的定义：数字媒体是数字化的内容作品，以现代网络为主要传播载体，通过完善的服务体系，分发到终端和用户进行消费的全过程。从以上的定义中，我们可以发现，数字媒体主要借助网络进行传播，并未将USB闪存盘、光盘等移动存储设备纳入数字媒体范畴中。

从学科角度来看，数字媒体的理论基础为大众传播理论，信息科学以及数字技术在数字媒体中起着主导作用。数字媒体是一种综合性的交叉学科，其在现代艺术的指导下，在文化、艺术、商业、教育和管理领域实现了信息传播技术与艺术的融合。

数字媒体按照不同的方式有不同的分类。

我们按照时变的特征可以将数字媒体分为两种：一是离散媒体，如文本、图片、图像等与时间无关，但与空间有关的媒体；二是连续媒体，如动画、声音、视频影像等与时间有关的媒体。

我们按照媒体的获取方式可以将数字媒体分为两种：一是捕获媒体，主要指的是图像、视频和声音等，其对现实中的媒体信息通过扫描、采集和量化等方法进行捕获；二是合成媒体，指的是由计算机生成的文本、图形、动画和音乐等，其通常由特定的符号、语言以及算法进行表示，典型例子为三维（3D）制作软件制作的动画角色。

我们按照人类的感觉特征可以将数字媒体分为三种：一是视觉媒体，如文本、图像、图形、动画等；二是听觉媒体，如语音、音乐等；三是视听媒体，其是同时支持听觉和视觉的媒体，如带有声音的视频影像等。

我们按照组成属性可以将数字媒体分为两种：一是单一媒体，主要指的是由单一信息载体所组成的媒体；二是多媒体，其由多种信息载体组成。一般来说，数字媒体指的是多媒体。

二、数字媒体技术的概念

数字媒体技术是在对多种不同类型的媒体信息运用计算机进行处理（如处理文本、声音、图形、图像、动画、视频等）的过程中集成的具有交互性系统的技术。就其本质而言，数字媒体技术主要指的是对信息进行数字化的处理和加工，如采集、获取、压缩/解压缩、编辑、存储等，在此基础上通过单独形式或合成形式展示出来的一体化处理技术。这说明数字媒体技术是一种与计算机处理相关的技术，也是一种信息处理技术，还是一种人机交互技术，同时是一种集成多种媒体和多种应用手段的技术。

三、数字媒体技术的特征

数字媒体技术的主要特性是信息载体的多样性、集成性、交互性和实时性。

第一，多样性。信息载体的多样性是对于计算机而言的，这里主要指的是多样性的媒体。不管是在信息的采集和传输中，还是在信息的处理和显示中，都需要运用多种媒体。例如，在数字媒体中，一般会使用以下媒体元素：文本、图形和图像（与空间相关联）、音频信息（与时间相关联）、视频信息（与时间、空间同时关联）。这一特征使得计算机变得更加人性化，不仅使计算机所能处理信息的空间、时间范围扩大，而且使人与计算机的交互具有更广阔、更自由的数字媒体应用技术基础空间。

视觉、听觉、触觉、嗅觉、味觉是人类的 5 种感觉，人们通过这 5 种感觉接收信息，其中视觉、听觉和触觉接收的信息量超过 95%。人类在接收信息的时候，借助这些感觉完成信息的交流与处理。但是计算机远没有达到人类的处理水平，在许多方面都必须把人类的信息进行加工后才可以使用。信息只能按照单一的形态被加工处理，也只有这样才能被计算机理解。可以说，目前计算机在信息交流方面与人类相比还处于相对较低的水平，而数字媒体技术可以将计算机处理的信息多样化。对多样化的信息进行编辑、加工和处理，可以大大丰富信息的表现力，增强信息的表现效果。因此，信息载体的多样性以及与空间、时间的相关性使得计算机更加人性化。

第二，集成性。将不同的媒体信息进行有机组合，进而组成一个整体，这就是集成性。集成性主要表现在两个方面：一方面，集成性表现为信息媒体的集成，也就是把单一的、零散的媒体信息（如文字、图形、图像、音频和视频等）有效地集成在一起。它使计算机信息空间相对完善。另一方面，集成性还表现为存储、处理媒体信息的物理设备的集成，即数字媒体的各种设备集成在一起成为一个整体。

过去，计算机中的信息往往是孤立存在的，在加工处理时很少会出现相互关联的情况，但是在数字媒体信息中，不同媒体之间可能存在着某种紧密的联系。例如，在播放一段视频信息时，需要在某一个时刻同步播放一段音频信息，并显示一段字幕作为内容的解释，这就需要按照要求集成这几种信息。实际上，这里的集成性除了上述所讲的信息集成，还包含计算机硬件设备的集成和软件系统的集成。从系统整体来说，应该具有能够处理数字媒体信息的高速并行中央处理器（central processing unit，CPU）、大容量的存储器、多通道的输入/输出接口电路和外设、宽带网络接口等硬件设备，同时应该配备适合数字媒体信息处理的数字媒体操作系统、数字媒体创作工具和各种应用软件等。数字媒体信息由计算机统一存储和组织，实现 1+1>2 的系统特性，应该说集成性是计算机在系统级的一次飞跃。

第三，交互性。人可以介入各种媒体的加工过程以及处理过程，从而可以对各种媒体信息进行有效的控制，也可以对各种媒体信息进行有效的运用。正因为交互性，数字媒体技术才能让用户控制和使用信息，这也促使其具有了更加广泛的应用领域。因为交互性，用户对信息有了更加深刻的理解，更加关注信息，还能延长信息的保留时间。在信息的传递与转换过程中，交互活动作为一种媒介参与其中，用户在这一过程中可以获得更加详尽的信息。

另外，借助人机交互活动，用户可参与信息的组织过程，甚至可以控制信息的传播过程，从而使用户研究、学习感兴趣的内容，并获得新的感受，这是许多只能使用户被动接收信息的单媒体（如书刊、电影等）无法比拟的。例如，在编辑图像时，用户可以根据观察到的效果控制操作过程；在播放音频文件时，用户可以快进、倒退或改变播放速度等。那么，电视系统是否属于数字媒体系统？我们的回答是否定的。因为人们在观看电视节目时，只能被动地收看节目内容，而不能参与控制，即不具有交互性。

第四，实时性。这主要指的是数字媒体信息的处理与交互建立在人的感觉系统允许的基础上。在数字媒体信息中，不管是音频信息还是视频信息，它们都和实践有着密切的联系，在对它们进行加工、存储和播放的时候，我们需要考虑其时间特性，因此，这就要求数字媒体技术可以进行实时处理。举例来说，播放视频文件和音频文件的时候，应该使视频的图像与声音保持同步，并且具有连续性，这就是数字媒体信息的实时性。实时性对存取数据的速度、解压缩的速度以及最后播放的速度提出了很高的要求。对具有时间要求的媒体信息进行处理时，如果不能保证实时性，就没有很高的应用价值。

第二节　数字媒体技术的发展趋势

数字媒体产业在 21 世纪实现了快速增长，数字媒体内容生成技术、网络服务技术以及文化内容的融合成为经济增长和社会发展的重要推动力，获得了各国政府和企业的高度重视。数字媒体产业在我国已成为受到市场关注的重要产业。

一、数字媒体技术的发展过程

计算机中的信息最初只能用二进制的 0 和 1 来表示。随着技术的进步，计算机可以对文字、图像、语音等进行处理，随后发展到能对影像视频信息进行处理，这个过程就是计算机的数字媒体化过程。在大众传播及娱乐界，从印刷技术开始到进入电子化、数字化阶段，在此过程中逐步发展了广播、电影、电视、录像、有线电视，直至产生了交互式光盘系统、高清电视（hign definition television，HDTV）。通信网络技术的发展，从邮政、电报、电话到计算机网络等，一方面不断地扩展了信息传递的范围，提高了信息传递的质量；另一方面又不断支持和促进了计算机信息处理和通信、大众信息传递的发展。因此，数字媒体技术直接起源于计算机工业界、家用电器工业界和通信工业界等领域的发展与融合。

 数字媒体技术与创意应用研究

（一）最初形成

数字媒体计算机技术最早起源于 20 世纪 80 年代中期。1984 年，美国苹果（Apple）公司在研制与国际商业机器公司（International Business Machines Corporation，IBM）的个人计算机（PC）抗衡的 Macintosh 计算机时，为了增加图形功能并方便用户使用，创造性地使用了位图（bitmap）、窗口（window）、图符（icon）等技术，开发了图形用户界面，同时引入鼠标作为交互输入设备，图形用户界面从此风靡全球。这是数字媒体技术的萌芽。在此基础上，苹果公司继续发展，于 1987 年 8 月推出了一种超级卡软件，把音响和视频加入 Macintosh 计算机中，使它成为能处理多种媒体的计算机。世界上第一台数字媒体计算机 Amiga，是美国 Commodore 公司于 1986 年首先推出的。这台数字媒体计算机采用了该公司自行设计的专用芯片，提供一个类似于 Windows 的多任务操作系统，该系统可用于动画制作、音响处理和图形处理。该系统还提供数字媒体创作工具，以交互式图符管理方式制作数字媒体节目。

（二）快速发展

1985 年，光盘只读存储器（compact disc read-only memory，CD-ROM）的问世推动了数字媒体技术的快速发展。CD-ROM 极大的存储容量使计算机存储和处理声音及视频等数字媒体信息成为可能。1987 年，美国 RCA 公司推出交互式数字视频（digital video interactive，DVI）系统，用计算机可对存储于光盘上的视频图像、音频及数据进行检索与重放。此后，新的软件工具出现，如 MPLAB 可视化器件初始化程序（visual device initializer，VDI）很快便在 IBM 的 PC 上得到应用。

1985 年，在 PC 领域，微软公司借鉴苹果公司的窗口技术，在 IBM 的计算机上开发窗口系统 Windows。IBM 计算机真正开始发挥图形功能，是在 1990 年该公司正式推出 Windows 3.0 操作系统以后。Windows 3.0 是一个使用鼠标的全图形界面的操作系统，它的出现在计算机操作系统发展史上具有里程碑意义。从此，在 PC 上统治多年的 DOS 操作系统逐步被替换。

同时，与数字媒体技术的发展密切相关的数据压缩、大规模集成电路制造等关键技术有了明显的突破，数字媒体数据的采集、处理与回放所需的各种板卡级产品也纷纷面市，并与数字媒体软件的飞速发展相呼应，因此 PC 的应用很快进入了数字媒体时代。

（三）趋于成熟

数字媒体技术的发展势不可当，生产计算机的厂家纷纷推出自己的数字媒体产品，并声称自己的产品与众不同。这种局面不利于产品的推广与发展，也不利于用户的使用和系统之间的优势互补。因此，IBM 及英特尔（Intel）等数十家公司联合起来组成多媒体个人计算机市场协会，进行多媒体个人计算机（multimedia personal computer，MPC）软件和硬件标准的协商、讨论与制定。协议规定，计算机只要满足标准的最低要求，便可打上 MPC 标志在市场上进行销售。

短短几年内，数字媒体技术的发展速度之快令人难以置信，上述标准早已名存实亡，至今尚未有更新的 MPC 标准问世。除了 MPC 标准，20 世纪 80 年代后期开始逐渐形成了相关技术的若干标准，包括图像压缩标准与声音压缩标准等。

（四）迅猛发展

自 20 世纪 90 年代以来，数字媒体技术进入迅猛发展的阶段，20 世纪 90 年代被称为数字媒体时代。在此阶段，新产品层出不穷，产品价格不断下跌，销量不断增长，各种应用全面发展，并已大量进入普通百姓家庭。

1. 数字媒体技术在影视中的应用

对于影视作品而言，数字媒体技术的运用可以有效地提高作品的视觉效果。当前，制作人员可以借助计算机生成图像，利用合成技术以及特效技术创造出非常生动和逼真的人物、场景和特效。例如，在一些科幻电影中，数字媒体技术可以创造外星世界，也可以对太空飞行进行想象，还能呈现给观众各种特效场景。这些影片中的视觉效果不仅可以大幅度提高观众的观影体验，满足观众的观影需求，还带给影片非常多的创作可能性。并且，在传统的影视后期制作过程中数字媒体技术可以提供更加灵活和高效的后期制作流程，通过计算机辅助制作和计算机辅助设计等工具，实现对影片的编辑、修剪和特效添加等操作。这样不仅可以大大缩短后期制作的时间，还可以降低制作成本，并提高制作的灵活性和可控性。[1]

此外，在影片中使用数字媒体技术还能将更加便捷和精确的音效制作工具运用其中，制作人员可以使用数字音频工作站、音频编辑软件等来处理和编辑音频，如合成音效、修复音频以及混音等。在数字媒体技术的加持下，音频可以高保真地重现，在播放影片的时候，观众可以获得逼真的听觉体验。对于影视作品，观

---

[1] 刘意、高贵平：《数字媒体技术及其相关应用探讨》，《电脑知识与技术》2021 年第 7 期，第 201—202 页。

众可以通过在线视频平台观看,这得益于互联网的普及,也受益于视频流媒体服务。数字媒体技术可以为观众提供高清的在线播放效果,保证播放的流畅度。此外,观众还能进行在线购票和点播,可以据此来选择个性化的服务,从而增强观众的个性化体验。

2. 数字媒体技术在教学中的应用

在教学中应用数字媒体技术可以为学生提供生动和直观的教学。在教学中,教师可以利用多媒体元素,如图像、音频、视频等,让学生理解抽象概念,并用数字媒体技术将这些概念形象地展示出来,便于学生理解与记忆晦涩的概念。例如,在数学教学中,教师可以使用动画和图形来演示几何概念,帮助学生更好地理解几何图形的性质和变化规律。数字媒体技术可以提供个性化的学习体验,每个学生的学习风格和学习节奏都有所不同,传统的教学方式可能无法满足所有学生的需求。① 数字媒体技术能够根据学生个性化的需求和学习方式,通过交互性和定制化的特点,为他们提供相关内容和学习方式。也就是说,在学习中,学生可以从自身的学习进度出发,根据自身的学习兴趣来选择具有针对性的学习资源,可以借助在线学习平台进行自主学习和自主练习。

不仅如此,数字媒体技术在教学中的运用还能激发学生的创造力、增强学生的合作能力。学生借助数字媒体工具可以参与创作与进行合作。在制作数字故事书以及演示相关视频的时候,数字媒体工具可以激发学生的积极性和创造性,并且能提高学生的沟通能力和团队合作能力。学生在相互合作中完成相关的项目,并且在这一过程中将自己的想法表达出来并交流成果,这对于学生学习效果的提高具有积极的意义,并且还能激发学生的学习动力。除此之外,在网络和视频会议不断发展的基础上,教师还能进行远程教学,学生在有网络的地方就能接受教育。这不仅打破了教学的时间和空间限制,还让学生在网络上获取更多的教育资源,实现与其他学生的互动与交流,在互动与交流中提高综合能力。

3. 数字媒体技术在电商中的应用

①在电商中运用数字媒体技术可以为用户提供针对性的、个性化的推荐系统。通过分析用户的购买历史、浏览行为、兴趣偏好等数据,电商平台可以利用数字媒体技术中的机器学习和推荐算法,为用户提供个性化的商品推荐。② 例如,电商平台在用户浏览商品的时候,可以依托于用户的兴趣偏好,在购买记录的基础

---

① 李朝林、张俊、赵学泰:《基于数字媒体技术的发展及应用》,《卫星电视与宽带多媒体》2020年第13期,第1—2页。
② 刘正宏、肖永生:《新时期数字媒体技术的应用、趋势和对策》,《传媒》2019年第12期,第75—78页。

上对用户进行针对性的推荐，将相似或者相关的商品推荐给用户。这种做法一方面提高了用户的购买转化率，另一方面增强了用户黏性。

②在电商中运用数字媒体技术可以使展示的商品更加直观。得益于虚拟现实（virtual reality）技术和增强现实（augmented reality）技术，用户在使用电商平台的时候可以获得更加真实的购物体验，有身临其境之感。例如，用户在家中借助虚拟现实技术或者手机应用程序就可以立体感知商品的实际效果与尺寸。用户也可以在增强现实技术的帮助下，在现实场景中投影商品的虚拟模型，更加直观地对商品的使用场景与外观有所了解。在这种虚拟购物体验的加持下，用户可以提高购买决策的效率，激发购买的欲望，加深对商品的信任。

③在电商中运用数字媒体技术还能为用户提供更加安全的支付方式。当前，移动支付实现了广泛的应用与普及，在支付的时候，用户可以借助手机应用程序或者扫码支付等实现更加安全和快速的操作。为了保证支付的安全性，数字媒体技术采用了对身份进行验证和加密的手段。不仅如此，数字媒体技术可以在人脸识别或指纹识别技术的支持下进行无接触支付，用户不需要实体的支付工具就能进行支付操作。这使得用户的支付体验大幅提高，并且对于电商平台来说，还提供了非常多的商业机会。

④在电商中运用数字媒体技术还能为电商平台提供有效的和具有针对性的营销手段。电商平台可以利用数据分析和营销自动化工具对用户的行为与偏好进行分析和研究，据此针对不同的用户制定针对性的营销策略。例如，在用户对某一件商品进行浏览的时候，电商平台可以将相关的优惠活动通过弹窗及推送消息的方式展示给用户。数字媒体技术的出现改变了社交媒体营销的方式，并且会在社交平台和影响者的推荐中提高商品的曝光率，实现销售量的增长。

二、数字媒体技术在未来的发展

未来的数字媒体技术将呈现以下发展方向。

首先，数字媒体技术支持的协同工作环境。目前，数字媒体技术的硬件体系结构进行了优化升级，并且视频、音频接口软件也进行了升级。尽管如此，在数字媒体技术的不断发展与进步过程中仍然存在一些问题。例如，为了解决数字媒体信息交换、信息格式转换等问题，需要对数字媒体信息空间的组合方法进行研究；在传输中还会出现网络延迟问题及存储器的存储等待问题。对此，我们还应该对数字媒体信息的时空组合问题进行研究，提出时间同步的描述方法策略，并且提出在动态环境下实现同步的具体方案。只有对这些问题进行解决之后，数字媒体技术才能形成较为完备的计算机支持的协同工作环境，将空间距离和时间距离的障碍消除，才能完善信息服务的提供。

其次，智能数字媒体技术。英国计算机学会在1993年12月于英国利兹（Leeds）大学举办了多媒体系统和应用国际会议。在这次会议上有关学者做了相关的报告，即关于建立智能数字媒体系统的报告，在报告中明确提出了人们应该对智能数字媒体技术问题进行研究，并且提出人们应该充分利用计算机的快速运算能力，在此基础上数字媒体计算机应该实现对图像、文字、声音信息的处理，借助交互式来弥补计算机智能的不足，提高计算机的智能。就我国来看，部分单位已经初步研究出智能数字媒体数据库，即融合知识库与数字媒体数据库的数据库。此外，在基于内容的检索技术中融入数字媒体数据库也成为当前重要的研究课题。例如，在基于内容的检索技术中融入人工智能领域的高维空间搜索技术，并将视音频信息的特征抽取和识别技术与其融合，此外还可以将知识工程中的学习、挖掘、推理等问题应用其中。简言之，在数字媒体计算机的发展中，我们应该将数字媒体计算机技术与人工智能领域的课题相融合。

最后，在芯片中实现数字媒体信息实时处理技术和压缩编码算法的集成。在过去，计算机结构设计侧重于计算机功能，主要用于数学运算处理以及数值处理。近些年，数字媒体技术实现了快速发展，并且网络通信技术也取得了前所未有的进步，这就对计算机技术提出了新的要求，要求其具备对声音、文字、图像信息及通信进行综合处理的功能。在实时处理数字媒体信息、压缩编码算法及通信中，基本上进行的是8位和16位的定点矩阵运算。在CPU芯片中要想集成这些算法与功能需要建立在以下基础之上：一是压缩算法应该按照国际标准来进行，并且集中解决数字媒体功能；二是将硬件体系结构设计与算法进行有机结合。为了对数字媒体信息进行实时的计算机处理，需要压缩编码和解码数字媒体数据，最初主要使用芯片来解决这一问题，并且设计、制造与之相匹配的专用接口卡。解决上述问题的最佳方案是在CPU芯片中集成上述所有功能。当前，芯片可以分为两种：一是在保留CPU芯片原有计算功能的基础上突出数字媒体和通信功能，这种芯片一般用于数字媒体的专用设备之中，也用于宽带通信设备、家电之中；二是对数字媒体和通信功能进行融合，主要功能为通用CPU计算功能，这种芯片一般能与现有的计算机进行兼容，不仅具备数字媒体功能，还具备通信功能。

第三节　数字媒体技术的研究方向和内容

今天，计算机基础技术的发展，如超大规模集成电路的密度和速度的增加、CD-ROM 作为低成本和大容量 PC 的只读存储器、双通道视频随机存取存储器的引进以及网络技术的广泛使用，成功地改良了数字视频压缩算法，改进了视频处理器结构，促使之前单色文本/图形子系统转变为当前具有丰富色彩和高清晰度的子系统，并且还实现了高清晰度的静态图像、高速真彩色图形的生成和处理，具备了高保真度的音响效果，呈现了全屏幕和全运动的视频图像，拥有了视频特技、二维实时全电视信号。因此，利用数字媒体是计算机技术发展的必然趋势，无论是从半导体技术的不断进步来说，还是从计算机应用的普及和信息处理的多样化方面来看，这一趋势是必然的。

一、数字媒体技术的研究方向

（一）数据压缩/解压缩和存储技术

数字媒体数据压缩/解压缩和存储技术是数字媒体技术中的关键技术。目前已经得到广泛执行的数字媒体数据压缩标准联合图像专家组（Joint Photographic Experts Group，JPEG）标准和运动图像专家组（Moving Picture Experts Group，MPEG）标准等都采用了特殊的压缩算法，并在计算机软件和硬件上得以实现，在存储技术上也出现了大容量的激光存储［数字视频光盘（digital video disc，DVD）］。但是，随着数字化信息的急剧增长，人们不断寻求更为有效的压缩/解压缩技术和超大容量的存储设备。

（二）虚拟现实技术

数字媒体技术的应用渗透到人类生活的方方面面，虚拟现实技术可以帮助人们低成本、高效率地解决多方面的问题，特别是在科研、教育、军事等领域，数字媒体技术发挥了重要的作用，并有待于进一步地提高其技术层次。

（三）基于互联网的流媒体技术

随着通信技术的发展，在宽带技术和数字电视领域，网络数字媒体技术有着巨大的市场前景。提高数字媒体技术的应用水平，促进流媒体技术普及和发展具有重要的意义。

（四）数字媒体数据库技术

数据库技术的发展已经涉及诸如音频和视频等大容量的数字媒体对象，如何更为有效、快速地构建和使用数字媒体数据库成为目前研究的重要问题之一。

（五）数字媒体制作技术

解决数字媒体技术众多问题的一个重要途径是数字媒体对象的数字化。数字媒体制作技术在此过程中起着关键作用，它不仅关注媒体内容的创作与呈现，还致力于通过技术手段改进现有的媒体表现形式。如何改进现有的媒体表现形式，用更为简洁和有效的算法来解决一些特定问题，真正实现数字媒体系统的数字化是一个不容忽视的课题。

二、数字媒体技术的研究内容

数字媒体技术是涵盖计算机技术、通信技术和信息处理技术的一种综合应用技术，涉及的关键技术主要包括数字媒体信息获取技术、数字媒体信息处理技术、数字媒体信息存储技术、数字媒体信息输出技术、数字媒体传播技术等。

（一）数字媒体信息获取技术

数字媒体信息获取是数字媒体信息处理的基础，其关键技术包括声音和图像等信息的获取技术、人机交互技术、传感技术等。对于不同的媒体信息，获取设备各有不同，如适用于图像信息获取的数字化仪、数码相机、数字摄像机、扫描仪、视频采集系统等，适合音频信息获取的话筒、数字录音机、录音笔、音乐合成器等，用于运动数据采集的数据手套、数据衣，以及用于三维立体建模的立体扫描仪、自动跟踪仪等。

（二）数字媒体信息处理技术

数字媒体信息处理技术涉及对数字媒体信息进行加工、处理的一系列技术手段，如模拟媒体信息的数字化技术、高效的压缩编码技术，以及对数字媒体信息的特征提取、分类与识别技术等。具体来说，数字媒体信息处理技术主要包括数字声音处理技术、数字语音处理技术、数字图像处理技术、数字视频处理技术等。数字声音处理技术是将模拟声音信号的采样、量化和编码转换为数字音频信号，其中数字音频压缩编码技术尤为关键。数字语音处理技术包括语音合成和语音识别等技术。数字图像处理技术是对图像进行去除噪声、增强、复原、分割、特征提取等处理的方法和技术。对视觉信息的处理涉及数字图像处理技术和数字视频处理技术，其中编码技术、图像识别技术等在数字媒体系统中应用广泛。

（三）数字媒体信息存储技术

数字媒体对存储技术的存储容量、传输速度等性能指标的高标准、高要求，促进了数字媒体存储介质以及相关控制、接口、机械结构等技术的发展，高存储容量和高速存储产品不断涌现。目前，主流的存储技术主要有磁存储技术、光存储技术和半导体存储技术。

（四）数字媒体信息输出技术

数字媒体信息输出技术包括显示技术、硬拷贝技术、声音技术以及用于虚拟现实中的三维显示技术等。目前，平板高清显示技术、三维显示技术以及带有交互功能的输出技术是当前发展较快的数字媒体信息输出技术。

（五）数字媒体传播技术

数字媒体传播技术包括数字传输技术和网络技术两个方面。数字传输技术主要指各类调制技术、差错控制技术、数字复用技术、多址技术等。网络技术主要指公共通信网技术、计算机网络技术以及接入网技术等。目前，基于"三网融合"的互联网协议（Internet protocol，IP）技术和基于互联网协议第六版（Internet protocol version 6，IPv6）的下一代网络（next generation network，NGN）技术的广泛应用代表数字媒体传播技术的发展趋势。

第二章 数字媒体处理技术

音频、视频、图像是数字媒体传播的主体部分。在数字媒体时代,更好地处理音频、视频及图像(即掌握数字媒体处理技术),成为提高数字媒体传播质量的关键。本章为数字媒体处理技术,主要围绕数字媒体音频处理技术、数字媒体视频处理技术、数字媒体图像处理技术展开论述。

第一节 数字媒体音频处理技术

音频即声音或声波,包括音乐、语音和各种音响效果。声音是多媒体中最容易被人感知的成分。数字音频处理技术是一种全新的声音处理手段,其借助数字化手段来录制、存放、编辑、压缩、播放声音,并得益于数字信号处理技术、多媒体技术以及计算机技术的发展。随着数字媒体技术的发展,数字音频处理技术受到高度重视。数字音频作为单一媒体形式,与其他媒体构成多媒体形式,对提升和丰富数字媒体内容起着举足轻重的作用。

一、音频的概念与特征

在物理学上,声音被看作一种波动的能量,即声波;在生理学上,声音是指声波作用于听觉器官所引起的一种主观感觉,如响度、音调、音色和音长等。尽管这两个关于声音含义的理解有所不同,但它们之间有一定的内在联系。物理学上声音的三个基本特征——频率、振幅和波形,对应于人耳的主观感觉就是音调、响度和音色。

频率,即发声物体在单位时间内的振动次数,单位为赫兹(Hz)。

振幅,即发声物体在振动时偏离中心位置的幅度,代表发声物体振动时动能和势能的大小。振幅是由物体振动时产生声音的能量（声能）或声波压力（声压）的大小决定的。声能或声压越大，人耳主观感觉到的响度也越大。

音色，即声音的纯度，由声波的波形决定。即使两种声音的振动和频率都一样，也就是音调高低、声音强弱都相同，如果波形不一样，听起来也会有明显的区别。

按照人耳可听到的频率范围，声音可分为超声、次声和正常声。人耳可感受到的声音的频率范围为 20 赫兹至 20 000 赫兹。频率高于 20 000 赫兹为超声波，低于 20 赫兹为次声波。人耳对不同频率的声音敏感程度不同，对中频段的声音（3 千赫至 5 千赫）最敏感，人耳能听到幅度很低的信号，但对低频段和高频段的声音不太敏感。

二、音频的数字化

在声音录制过程中，声波在麦克风的辅助下，将空气分子的振动转变为电信号的波动。录音磁头的电磁铁会产生不同的磁场，这取决于通过电流的大小。磁场发生的变化也会在磁带上有相应的记录，这就是录音。磁场大小变化的情况已经印记在磁带上，在播放的时候，放音磁头就会对此进行读取，并转化为电信号。最后，这些模拟信号被发送到放大器和扬声器之中，电信号被转换成声音，也就是空气分子的振动。计算机中常见的数字化声音文件有两种：一种是对各种原始声音进行采集，然后对其进行数字化处理，在处理之后就会得到数字文件，即波形文件；另一种是专门用于记录乐器声音的 MIDI 文件。

声音的数字化处理就是将模拟的（连续的）声音波形数字化（离散化），包括采样、量化和编码三个过程。

采样就是每间隔一段时间读一次声音信号的幅度值，即在时间上对模拟信号进行离散。采样频率是每秒钟所抽取声波幅度值样本的次数，单位为千赫（kHz）。采样频率的倒数是两个相邻采样点之间的时间间隔，称为采样周期。一般而言，采样次数越多，采样越密集，获得的音频就越接近原始声音，但存储音频的数据量就越大。信号的采样频率受限于奈奎斯特定理和信号中最高频率的特性，采样频率应至少是信号中最高频率的两倍，这样不会造成信号的信息丢失。正常人耳可听到的频率范围为 20 赫兹至 20 千赫，因此理论上为了保证声音不失真，采样频率应在 40 千赫左右。在实际应用中，考虑到滤波器件的非理想化滤波性能，需要引入一定的保护带宽作为过渡。为了追求更好的音质，也需要提高采样频率。

根据不同的应用,应在采样频率与音质之间进行相应的选择,常用的采样频率为11.025千赫(语音效果)、22.05千赫(音乐效果)、44.1千赫(高保真效果,如CD唱盘)。

量化是将信号幅度的连续取值近似为有限的多个(或较少的)离散值的过程,具体过程就是先将整个信号幅度划分为有限的小幅度(量化间隔)的集合,把落入某个量化间隔内的样值都只表示成一个对应的电平值,如8位量化位数表示每个采样值可以用256个不同的量化值之一来表示。量化值与实际值是有误差的。显然,电平间隔越多,误差相应就越小,但生成的数字信号的数据量就越大。常用的量化位数为8位、12位、16位。量化有很多方法,可以归纳为两类:一类是线性量化,另一类是非线性量化。采用的量化方法不同,量化后的数据量也不同,因此可以说,量化也是一种压缩数据的方法。线性量化是采用相等的量化间隔对取样得到的信号进行均匀量化。为减小输入信号的量化误差,应当缩小量化间隔,即增加量化间隔数。非线性量化是采用非均匀的量化间隔,对大的输入信号采用大的量化间隔,对小的输入信号采用小的量化间隔,这样就可以在满足精度要求的情况下减少量化间隔数。

对已经量化的整数值进行表示的时候采用二进制,若将其分成123级,对应的量化值范围为0~127,那么每个样本编码需要用7个二进制位;若将其分成32级,那么每个样本编码需要用5个二进制位。量化数与采样频率成正比,也就是说,随着采样频率的增加,量化数也会随之增加,从而使数字信号更接近原始模拟信号,进而需要更多的二进制位来表示编码数据。脉冲编码调制是使用最为广泛的音频数字化方法,它通过固定时间间隔对模拟信号采样,然后将采样值四舍五入并量化,最终用二进制码表示每个采样的幅度值。

三、数字音频的形式

人们在发声现场听到的声音除具有强度感、声调感外,还有空间感,即人们不仅可以感觉到声音的大小和音调,还可以区别出音源的方位,并通过声音的反射特性(混响和回声等)感受现场的环境结构。人类对声音的判别是一个极为复杂的过程,不但涉及声波的物理因素,而且与人类心理因素有着很大的关系。

(一)立体声

人们在听到声音之后可以分辨出其来自哪个方向,可以明确声源的大概位置。例如,声源位于人右前方,因为右边的耳朵相对来说与声源位置更近,声音就会先传到右耳，之后传到左耳，因为距离原因，若声音在传递到左耳的时候，有一部分会被头部反射回去，这就使得左耳听到这个声音有些困难，右耳所听到的声音比左耳听到的声音要强。人的两只耳朵对于声音的不同感觉会传递给大脑，大脑会判断声音来自右前方，这就是"双耳效应"。

对于录音来说，一般都是单声道。例如，对一场音乐会进行录音时，工作人员通过一个或者几个传声器接收各种乐器在舞台上同时演奏的声音，然后将其混合在一起形成一种音频电流，并对这种音频电流进行记录。在对所录制的音乐进行放音的时候也主要用一个扬声器发出声音，人们此时听到的声音是不同乐器的综合声音，因此很难分辨乐器在哪个方向传出声音，也就很难体验到在现场听音乐的那种空间感与立体感。

如果录音能够准确捕捉不同声源的位置信息，并在播放时以立体声的方式呈现出来，就可以让人有置身其中之感，可以直接听到各个方向的声音。立体声就是通过放声系统将声音以立体的方式再现出来。相较于单声道，立体声可以提供更好的声源定位和环绕感，能增强信息的透明度和易理解性，能增强节目的现场氛围，提高节目的深度、层次感和透明度。

（二）三维音频技术

三维音频也称为虚拟声（virtual acoustics）、双耳音频（binaural audio）、空间声等，它通过模拟空间某点声源在两耳产生的声场，利用信号处理技术根据人耳对声音的感知特点来重建复杂的三维虚拟空间声场。三维音频技术具有结构简单、易于实现、重建听觉三维空间真实自然的特点，在许多领域得到广泛的应用。

四、数字音频编辑方式

音频采集与录制是音频处理软件最基本的功能。一般先通过麦克风或 CD 唱机等采集音频文件，之后对音频波形进行剪裁、切分、均衡化、混响添加、频率调整等操作来增强音乐的感染力，专业人士甚至仅凭数字音频工作站就可以进行多音轨复杂乐曲的创作。

（一）录音

数字音频的录音是指将自然界的声音或者存储在其他介质中的模拟音频通过麦克风或 CD 唱片，以特定的采样频率（通常是 44.1 千赫）和量化位数进行数字化，然后存储在计算机中，形成数字音频文件。

（二）音频编辑

经常使用的音频编辑主要是对音频波形进行剪裁、切分、合并、锁定、编组、删除和复制，以及对音频波形进行包络编辑以及时间伸缩编辑。另外，需要注意的是，虽然音频文件分为单声道、双声道等，但是通常来说，音频编辑工作先在单轨编辑模式窗口中完成，之后进行多轨合成。鉴于此，我们若要进入音频的单轨编辑界面，只需要在多轨模式中对某个音轨的音频波形进行双击即可。

剪裁音频波形。录入的音频文件往往包含不需要的时间段，可以通过对音频波形进行剪裁来快速删除不需要的部分。

切分音频波形。在音频文件的创作过程中，经常需要对不同段落的音频素材进行不同处理，因此需要用到切分音频——音频文件录制成功后，可将其切分成多个音频切片，并对每个音频切片进行不同的编辑处理。

合并音频波形。经过切分的音频切片可以通过合并的方式进行合成。

锁定音频波形。在组织合并音频切片过程中，经常需要将已经排列好的音频切片位置进行固定，这就是音频切片的时间位置锁定。

编组音频波形。一个固定的音频切片组由多个音频切片组成，将多个音频切片合并成一个固定的音频序列，其中各音频切片的相对位置保持不变，以便简化整体移动这些切片的操作。

删除和复制音频波形。删除和复制音频波形或某个音频切片。

包络编辑。要想对输出声音的强度进行改变，我们可以在音频波形幅度上绘制包络线，可实现淡入、淡出等特殊的音乐效果。

时间伸缩编辑。在模拟音频中，若我们改变声音的播放速度，那么音乐的音色会出现相应的变化，音乐的音量高低也会受到影响。例如，在录音机出现故障的时候，或者电量不足的时候，就会出现声音由女声变成男声的故障。就数字音频而言，声音的速度和音高是分别独立处理的，即可以根据影片或设计需要改变音乐播放时长而不需担心女声变男声等情况。

（三）降噪处理

通过麦克风录入自己的声音并进行后期特效加工和伴奏并轨之前，往往需要对录入的音频文件进行降噪处理。数字音频处理通常会进行降噪处理，以减少噪声对声音的干扰，从而提升声音的清晰度和音质的表现力。不同类型的噪声，有着不同的降噪处理方法，较为典型的有爆破音修复、嘶嘶声降低等。需要注意的是，降噪处理也会在一定程度上影响音频的品质（类似图像处理中降噪导致的图片细节受损），因此，降噪过程需根据实际情况和需要进行调整。

（四）音频特效处理

1. 均衡效果处理

均衡效果处理是通过软件中的图形式均衡器来完成的。要想实现增益或衰减，我们可以对不同频段进行调整，这就是对音频效果的初步处理。

2. 混响效果处理

教堂管风琴的声音带有强烈的回响，通过音频处理软件的特效器可实现类似功能。在空旷的房间内，对于干涩的声音进行处理，我们可以使用混响效果器将其变为可以进行多次反射的特殊效果。这一特殊效果在实际应用中很常见，但需注意伴奏与歌声混响的一致性。

3. 压限效果处理

我们在录制自己的歌声时，经常会出现高音爆音的情况，而观察专业歌手录制的歌曲波形，会发现其振幅相当均匀，这得益于压限效果处理的使用。压限效果处理一方面可以控制声音的振幅，另一方面还能对输入增益进行改变，这样就可以限制和调整高音部分的声音效果。

4. 延迟效果处理

延迟效果器作为一种延迟效果处理器，可以将较为单薄的声音变得更加丰满，也就是其可以处理和润色人声，呈现出令人满意的声音效果。

（五）合成输出

一个完整的工程文件不仅仅是由一个个音频切片组成的，因此，在保存时，我们不仅需要对音频文件进行保存，还应该保存一个多轨模式下波形状态的、较小的、不包含音频的工程文件。尽管工程文件非常小，但是其有着非常重要的作用。举例来说，在 Cool Edit Pro（一种音频编辑软件）中进行增减音量、调节相位、移动波形等所有非破坏性设置的时候，所有信息都存储在 .ses 工程文件中。

（六）格式转换

将制作好的音频文件上传至网络或做其他用途时，经常需要对音频文件进行格式转换。格式转换是指对音频文件的格式进行的操作，包括改变文件格式类型（如将 WAV 文件转换为 MP3 文件）、改变音频文件的参数（如改变音频文件的采样频率、量化位数、编码方法等）。

五、数字音频压缩技术

根据压缩后的音频能否完全重构出原始声音，可以将音频压缩技术分为有损压缩技术及无损压缩技术两大类。

（一）有损压缩技术

脉冲编码调制功能强大，但需要的数据量也极大，对比特（bit）量的庞大需求限制了脉冲编码调制的实用性。统计编码虽然通过减少冗余信息有效减少了数据量，但其绝对数仍不可小觑。因此，需要采用有损压缩技术来提高压缩率，以满足低比特速率音频的需求。

有损压缩编码可分为波形编码、参数编码和混合编码三大类。

波形编码是直接编码音频信号的时域或频域波形的取样值。它具有编码质量好、能保持原始音频波形特征的特点，但需要较高码率，压缩比不大。常用的方法有自适应差分脉冲编码调制和感知编码等，但大多数商用的音频编码系统则采用感知编码原理。

参数编码可进一步降低码率，其基础是人类语音的生成模型。它在输入端分析语音信号，然后传输分析得到的参数，并在输出端根据这些参数合成语音。在语音生成过程中，系统把信号建模为动态系统，并把系统中的某些物理约束量化。这些物理约束是语音信息的有限描述。它在传输比特率上能得到很高的效率，但复杂度通常很高，还原信号的质量较差、自然度低。常用的参数编码系统包括线性预测编码等。

混合编码是集波形编码和参数编码的优点于一体的一种复合编码方法，能在较低的码率上得到较高的音质。常用的有矢量和激励线性预测编码、多脉冲线性预测编码和码本激励线性预测编码等。

（二）无损压缩技术

信息熵编码又称统计编码，是一种无损数据压缩方式。它利用数据的统计冗余进行压缩，根据信源符号出现概率的分布特性进行压缩编码，在信源符号和码字之间建立明确的一一对应关系，同时要使平均码长或码率尽量小。它可以完全恢复原始数据而不引起任何失真，但压缩率受到数据统计冗余度的理论限制，一般为 2∶1～5∶1。统计编码不直接应用于音频编码，而是对数字音频数据进行压缩编码。

在音频数据无损压缩编码中采用的统计编码方法主要包括霍夫曼编码、游程编码和算术编码等。

霍夫曼编码是熵编码中应用最广泛的一种编码方法，它的核心原理在于用较少的位数来表示较高概率出现的符号，用较多的位数来表示较低概率出现的符号。需要编码的符号所出现的概率分布决定了编码效率的高低，越是集中分布就有越高的压缩比。

游程编码是一种简单的编码方法，主要是将数据中相同的符号串用一个游程长度（符号数）和一个代表值描述，并分别赋予不同的码字。基本的游程编码就是在数据流中直接用3个字符来给出上述信息。相同的符号串越长，压缩效率越高。

算术编码是一种统计编码方法，广受好评。对于每一个符号来说，其都对应着（0,1）上的一个子区间，这个区间的长度与该符号所出现的概率是一致的。这种方法把符号串编码成一个介于0到1的实数区间。最开始将其范围设定为从0到1的整个区间。当遇到一个新的编码符号时，先将整个（0,1）区间映射到上一次形成的区间范围内，然后新区间取（0,1）上新符号对应区间所形成的像。解码时，根据区间的重叠情况逐个解析原符号串。算术编码的优势在于支持自适应编码，能够根据接收的数据实时更新概率模型，从而实现更高效的压缩。

六、数字音频编码技术

（一）时域压缩

时域压缩又称波形编码，分为差分脉冲编码调制、自适应差分脉冲编码调制、增量调制和自适应增量调制。时域压缩适应性强、音频质量好，但压缩比不大、数据率较高。下面介绍差分脉冲编码调制和自适应差分脉冲编码调制。

1. 差分脉冲编码调制

差分脉冲编码调制是对输入信号和预测值之差进行编码。当取样率提高时，前后两个取样值之间的变化就会相应减小；当取样率足够高时，只需判断取样值间的电平孰高孰低，用一个比特的两种状态来表示即可。

连续的模拟信号的波形在一个取样周期之间的改变通常是很小的，如果取样频率较高，大多数连续的取样值之间会有很大的相关性。差分脉冲编码调制系统就利用了这种信息的冗余，它记录的不是信号的绝对大小，而是相邻取样值之间的差值，即相对大小。因为信号的相对大小通常要比信号本身要小，所以得到足够的量化分辨率所需的比特数也小。

差分脉冲编码调制还可以采用预测编码技术。编码器先用以前的数据以一定的算法预测当前取样的值，之后对实际信号与预测值之间的差进行量化。由于预测值越准确，使用的量化位数就越少，所以这种编码方法的性能取决于预测编码方法以及其对信号变化的适应能力。

2. 自适应差分脉冲编码调制

自适应差分脉冲编码调制在差分脉冲编码调制的基础上利用了自适应编码技术，先把两个样值之间的差值（即差分信号）利用自适应编码因子进行缩放，然后用较短的字长（如4比特）对其进行编码。缩放因子（增量步长）是根据信号的性质来自动选择的，变化幅度大的信号，其缩放因子就大，而平缓的信号则相反。增量步长一般不直接存储在数据中，而是使用一张增量步长表进行存储。

（二）感知编码

利用人类听觉系统的心理声学模型，数字音频编码器在比特分配时认为察觉不到的信号内容是同一的，于是信号就可以被更加有效地编码。使用感知编码是为了取得这种感知到的同一性而放弃了物理上的同一性。感知编码器基于取样频率不变，从信号的特点出发，有选择地减少字长，此外，它还会借助其他方法将增加的量化噪声的影响降到最低。其基本思路为：用一个随音频信号而定的听力门限来和原有音频进行比较，对于那些低于门限（人耳无法分辨）的信号，略过编码或减少比特位，以有效降低总比特速率。例如，利用人耳的闻阈特性，感知编码器把输入信号同最小阈值进行比较之后，去除那些远远低于阈值的信号。

统计编码和感知编码压缩原理有很大的不同：感知编码是信号中的次要数据起作用，而统计编码是对信号中的冗余信息进行压缩。尽管感知编码方法是有损的，但人耳感觉不到编码后信号质量的下降。例如，它可以把一个声道的比特速率从705.6千比特/秒（44.1千赫×16比特）减少到117.2千比特/秒，把字长从16比特/取样减少到平均2.67比特/取样，数据量减少了约83%。

（三）频域压缩

时域压缩的最大压缩率为2.5，并未充分对自身的掩蔽潜力进行挖掘。频域编码器在频域里立足于心理声学模型并采用不同的方法对信号进行分析、编码。其压缩率比时域编码器要高，通常为4∶1～10∶1，当然这也会增加编码器的复杂程度。频域编码器有两种，即子带编码器和变换编码器。子带编码有着较好的时间分辨率和较差的频率分辨率，变换编码则与此相反。无论是时间取样还是频率系数，都根据编码器的心理声学模型来量化。编码时，数字脉冲编码调制信号先经过时间/频率映射把音频信号变换到频域，然后与心理声学模型计算出的合成掩蔽曲线相比较，根据比较结果进行量化与编码，最后以规定的格式组帧。

值得一提的是，子带编码虽利用频域分析，但是它对时间取样进行编码。它是时域、频域技术的结合，基于时间取样的宽带输入信号通过带通滤波器组分成许多频带子带，然后通过分析每个子带取样的能量，依据心理声学模型来进行编码。在变换编码中，输入实际的取样再变换到频域，根据心理声学模型对频率系数进行量化和编码。要得到比较高的频率分辨率，需要比较长的数据。

1. 子带编码

子带编码通过数字滤波器组把一个短周期内的连续时间取样信号分成多个（最多32个）限带信号，分析每个子带的取样值并与心理声学模型进行比较，编码器基于每个子带的掩蔽阈值能自适应地根据所分配的不同比特数来独立进行编码。

2. 变换编码

变换编码的变换方法可以采用离散傅里叶变换或改进的离散余弦变换（modified discrete cosine transform，MDCT）把时域音频取样变换到频率域。变换的系数根据心理声学模型进行量化。从信息论的角度看，变换编码减少了信号熵，从而可以有效压缩数据量。尽管块长度与编码的频率分辨率成正比，但是时间分辨率会有所损失。一些设计中所取的块长度，会随着信号自适应的变化而变化。

变换编码的典型算法是频域最佳编码（optimal coding in the frequency domain，OCF）算法，码率为132千比特/秒，一组输入信号为512个样值，进行离散余弦变换（discrete cosine transform，DCT），之后再量化频谱系数，并且对频谱系数进行熵编码。通过频谱平滑度推出初始量化阶。每增加一次量化阶数，熵编码器就会对编码序列进行再组合，以合成码流，直到达到所需的码率。心理声学模型在两层的迭代中主要在外层循环起作用，如果内循环中量化误差刚刚可见失真，即超过最小可觉察误差，那么，外循环中就会增加对相应频带的量化阶，这一过程直到最小可觉察误差满足或超过最大循环次数才会停止，最终输出经熵编码后的频谱系数和边带信息。这里所提及的边带信息对解码器恢复量化阶尤为重要，其具体包含：一是对数编码的频谱平滑度，二是量化器更新的次数，三是频带的量化阶更新信息。OCF-2把DCT变成了MDCT，还加上了预回声检测和控制部分，其码率只有110千比特/秒。在此基础上，OCF-3的码率已经减少至64千比特/秒，同时算法的复杂性也有所减少。OCF-3为了去除相邻频谱系数的相关性，频谱系数采用了差分脉冲编码调制，并且将对前向掩蔽和后向掩蔽的分析应用在心理声学模型中，此外，还改进了量化器的算法，有效降低了复杂程度。

七、数字语音处理技术

对于人类社会而言，语言是人们进行交流与沟通的最为便捷的工具和载体，鉴于此，在数字媒体内容与应用中，语言具有非常重要的地位与作用。语音领域的数字语音处理技术主要包括语音合成技术、语音增强技术和语音识别技术三方面的内容，特别是语音识别技术为人机交互提供了一个友好的界面。

（一）语音合成技术

语音合成的基本目的是让机器模仿人类的发音来传送信息。数字语音合成方法主要有波形编码语音合成、参数式分析语音合成和规则语音合成等。文—语转换系统是规则语音合成技术的典型应用。

1. 波形编码语音合成

波形编码语音合成也称录音编辑合成，其基本原理是通过录音和数字编码将句子、短语、单词和音节作为合成单元，压缩数据后形成语音库；在对语音进行重放的时候，会在语音库中根据要输出的信息来提取相应单元的波形数据，通过串接或编辑的方法将语音结合在一起，经过解码实现语音的还原。这类系统的特点是结构简单、价格低廉，但其合成音质的自然度取决于单元的大小，因而需要很大的存储空间，码率也大。

基音同步叠加算法使波形编码语音合成技术得到了广泛的应用。根据上下文的要求，在对语音波形片段进行拼接之前采用基音同步叠加算法调整拼接单元的韵律特性，可以使合成波形在保留原有发音主要音段特征的基础上实现拼接单元的韵律特征与上下文的要求相吻合，呈现出非常高的自然度，提高清晰度。

国内对将基音同步叠加算法应用于汉语的文—语转换系统进行了大量广泛且深入的研究，也开发出基于波形拼接的汉语文—语转换系统，如清华大学的SinoSonic系统。

2. 参数式分析语音合成

音节、半音节或音素是参数式分析语音合成的合成单元。对于参数式分析语音合成而言，其基本思路为：基于语音理论分析所有合成单元的语音，对于其中有关的语音参数进行逐帧提取，对其进行编码，由此组成合成语音库；在进行输出的时候，针对需要合成的语音信息在语音库中找出相应的合成参数，对合成参数进行连接和编辑，之后按照顺序送入语音合成器，在合成器中合成参数的控制下，再逐帧对语音波形进行还原。控制音强的幅度、控制音色的共振峰参数、控制音高的基频都属于较为典型的合成参数。与波形编辑公式相比，这类系统的码率相对较低，有着非常复杂的系统结构，也没有较为清晰的合成音质。目前，这类系统已做到芯片级系统。

3. 规则语音合成

规则语音合成的目标是通过语音学规则来产生语音。规则语音合成系统存储的是较小语音单位的声学参数，如音素、双音素、半音节或音节等，也会储存各种规则，如由音素组成音节，之后由音节组成词或者组成句子的规则。合成系统会在输入字母符号的时候借助规则对它们进行自动的转换，转换为非常连续的语音声波。鉴于语音中存在协同发音效应，这不同于单独存在的元音和辅音，因此，合成规则是建立在不同环境中每一个语音单元协同发音效应的分析基础上，并在对其规律进行归纳的前提下制定的，较为典型的有共振峰频率规则、声调的语调规则、时长规则等。鉴于语句中不仅有重音还有轻音，因此还需要对语音减缩规则进行归纳和总结。规则语音合成相较于参数式分析语音合成有着较小的语音库存储量，在音质上也相对较差，但是其有着非常复杂的结构，会涉及非常多的语言学和语音学模型。

文—语转换系统是一种规则语言合成系统，其主要输入的是文字串，一般为文本字串。系统中的文本分析器对于输入的文字串会先根据发音字典将其分解为带有属性标记的词语和对应的发音符号。接着，通过语义规则为每个词语和每个音节确定重音级别、语句结构、语调、停顿，在完成这个过程之后就实现了将文字串转换为代码串。以此为依托，规则语音合成系统就会合成一些不同语气的语句。文—语转换系统不仅包含各种规则，如词规则、语义学规则、语音学规则等，还要求正确理解文字的内容，即正确理解自然语义，因此，我们可以认为文—语转换系统为人工智能系统。

（二）语音增强技术

周围环境、传播媒介等都会使语音传播过程遭受噪声的干扰，这些噪声的出现使得信宿接收的语音不够纯粹，其中夹杂着噪声的语音信号不再是原本纯净的原始语音信号。语音增强的目的在于从含噪声的信号中提取最清晰的原始语音。但是，一般来说，干扰并不是有规律可循的，是非常随机的，因此在带噪声的语音中实现提取完全纯净的语音基本上是无法实现的。基于此，语音增强主要有两个目的：第一，实现语音质量的提高，将背景噪声消除掉，有利于听者乐于接收，也不会产生听觉疲劳，这属于主观度量；第二，将语言可懂度提高，这属于客观度量。这两个目的一般来说很难一起实现。语音增强不仅与语音信号数字处理有着千丝万缕的联系，还关乎人的听觉感知和语言学。语音增强的基础是对语音和噪声特性的了解与分析，由于噪声特性各异，语音增强的方法也各不相同。对于加性宽带噪声，语音增强方法大体可分为噪声对消法、谐波增强法、基于参数估计的语音再合成法等。

1.噪声对消法

噪声对消法的原理很简单，就是从带噪声的语音中去除噪声。其中的关键点在于噪声复制品的获得问题，对此，我们可以采用双话筒采集法。在进行语音采集的时候，我们可以使用两个或者多个话筒，其中一个主要对带噪声的语音进行采集，另一个（或多个）采集噪声，这就可以获取带噪声的语音和噪声，通过进行快速傅里叶变换来提取频域分量，然后经数字滤波后将噪声分量幅度谱与带噪声的语音相减，最后加上带噪声的语音分量的相位，通过傅里叶反变换将其合成为去噪后的时域信号。在高强度环境的嘈杂声音下，这种技术可以有效地降低噪声。

2.谐波增强法

语音信号的浊音段呈现出明显的周期性特点，基于此，我们可以借助自适应梳状滤波器对语音分量进行提取，以此来实现对噪声的抑制。

3.基于参数估计的语音再合成法

如果我们对语音的发生过程进行模型化，那么其可以变为激励源作用于一个线性时变滤波器。浊音和清音是两种激励源，气流在通过声带的时候产生浊音。声道的模型为时变滤波器。一般来说，我们认为声道是全极点滤波器，通过线性预测分析可以掌握滤波器参数，但是，如果我们需要考虑鼻腔的共鸣作用，就需要使用零极点模型。显而易见，若想得到纯净的语音，就需要掌握激励参数和声道滤波器参数，然后借助语音生成模型合成即可，这种增强的方法就是分析合成法。在该方法中，对语音模型的激励参数和声道参数进行准确估计是关键。因为很难准确估计激励参数，所以仅仅对声道参数进行有效利用，以此来构造滤波器，完成滤波处理。这也是一种非常有效的方法。

（三）语音识别技术

语音识别技术作为一种综合技术有着非常广阔的应用前景，它的发展涉及语音学、语言学、声学、信息处理、计算机、人工智能等多个领域的交叉融合,被广泛应用于社会各个领域。

语音识别的预处理部分会涉及一些关键性的问题,即选择语音识别基元和端点检测,具体来说包含以下方面:①语音信号的采样;②自动增益控制;③反混叠滤波;④去除声门激励和口唇辐射的影响;⑤去除环境、设备引起的噪声影响等。

语音识别的特征提取是模式识别的关键节点,其作用在于将一组或者几组的用于描述语音信号特征的参数从语音信号波形中提取出来。这些参数包括平均能量、线性预测系数、过零数、平均过零数、倒谱、超音段信息函数、共振峰等。

语音识别的训练部分和模式库部分是不可分割的,彼此之间相互联系,在建立模式库的过程中,训练是必备过程。在识别之前,一般来说会让不同的讲话者对相同语音进行多次重复发音,对于这些原始的语音样本,系统会对其中的冗余部分进行去除,对关键数据进行保留,并且根据一定的规则来对其进行分类处理,这就形成了语义,成为语音识别的判断标准。模式库的内容可以在现场训练时提取,也可以利用之前已经建立的语音专家知识库信息。

整个系统的核心为语音识别的模式匹配部分,这一部分的主要目的在于按照相应的准则根据语音和不同的层面求取待测语音特征参数,同时对语音信息与模式库中相应模板之间的测度进行求取,在此基础上识别输出,这一输出对于系统而言是最佳的。

第二节　数字媒体视频处理技术

数字视频技术的出现与普及,给影视制作方式和视觉媒体都带来了深刻的变化。随着计算机技术,特别是数字媒体技术的发展,数字视频处理技术有了极快的发展。获取数字视频通常采用从现成的数字视频库中截取、利用计算机软件制作、用数字摄像机直接摄录和视频数字化等多种方法。常用的设备包括摄像机、录像机、视频采集卡和数码摄像机。获取的数字视频可以通过画面拼接或影视特效制作进行数字化编辑与处理,涉及镜头、组合和转场过渡等基本概念。影视特效主要处理电影或其他影视作品中的特殊镜头和画面效果。后期特效处理通常采用抠像、动画特效和其他一些视频特效。

一、视频的概念与类型

视频就是内容随时间变化的一组动态图像,又称运动图像或活动图像。根据视觉暂留特性,当连续的图像变化每秒超过24帧画面以上时,人眼无法辨别单幅的静态画面,看上去是平滑连续的视觉效果。视频与图像是两个既有联系又有区别的概念:静止的图片称为图像,运动的图像称为视频。两者的信源方式不同:图像的输入要靠扫描仪、数字照相机等设备,而视频的输入则是电视机、摄像机、录像机、影碟机以及可以输出连续图像信号的设备。

视频根据不同的处理方式可以分为两大类:一类是模拟视频,一类是数字视频。

模拟视频通过电信号来传输图像和声音,会随着时间进行连续变化。在过去,电视录制节目等传统视频是以模拟方式记录、储存和传送的。模拟视频信号通过模拟信号的形式将视频图像和音频记录在磁带上,利用模拟调幅的手段实现在空间中的传播。但是,模拟视频信号随存储时间、复制次数和传输距离的增加衰减较大,会产生信号的损失,不适合网络传输,也不便于分类、检索和编辑。

为了使计算机能够处理视频信号,需要将来自电视机、模拟摄像机、录像机、DVD等视频源的模拟视频信号转换为数字形式,这样可以保证高质量的视频再现效果,基于此形成数字视频信号。视频信号数字化以后,有着模拟信号无可比拟的优点:①较好的再现性。模拟信号具有连续变化的特点,尽管在进行复制的时候有着非常高的精确度,但是失真是很难避免的,尤其是在经过多次的复制之后,就会出现较大的误差积累。相比较来说,数字视频信号可以在保持原本清晰不失真的基础上进行无限次的复制,图像质量不会因存储、传输和复制而下降,可以为用户提供准确的图像再现。②编辑处理较为方便。模拟信号有着较为有限的处理手段和应用范围,只能对亮度、对比度以及颜色等进行简单的调整,而数字视频信号可以利用计算机进行储存和处理,这就使得视频非常容易完成合成与编辑,还能实现动态交互。③适用于网络应用。数字视频信息在网络环境中可以借助光纤、网线等实现资源共享,并且数字视频信号在传输过程中也不会因为过长的传输距离而出现信号的损失,相比之下,模拟信号就会出现这样的问题。

二、数字视频的属性

视频本质上是运动图像和音频的合成体。运动图像,不管是数字的还是模拟的,实际上都是由一系列连续的静态图像组成的,以一定的速率(即帧速率)播放这些图像就会产生运动感。运动图像有许多与其他数字资源（如静态图片、文本）不同的特征属性。在加工数字视频过程中，应特别注意并理解一些与加工相关的属性概念。

分辨率：每张图像的行数及每行取样的速率。

大小：组成动态图像的静态图片的实际尺寸。

高宽比：图片的形状。

帧速率和场：一帧是一张全图，帧速率是每秒刷新的图片的帧数。为降低大面积闪烁现象，视频将一帧分成两个隔行的场。

比特率：表示单位时间存储信息的数量。

比特深度：在一幅图片中用多少比特来表示每一像素的颜色。

压缩方式：数字视频文件转换和存储的压缩方式。视频的压缩会造成图片质量的损失。

三、数字视频信号获取

（一）视频采集卡采集视频

视频采集卡又称视频捕捉卡，主要用于对数字视频信息的读取。大部分视频采集卡可以捕捉视频信息，同时获得伴音，也就是说，可以实现视频和音频数字化的同步保存与播放。大部分视频采集卡具备硬件压缩功能，有着较快的采集速度，可以实现对视频的数字化抓取，并且可以达到每秒 30 帧的采集速度，但是在进行回放的时候需要有相应的硬件进行辅助才能实现。视频采集卡在计算机显示器上可以显示出视频图像，这种图像一般有着不同的视频窗口大小，此外还具有其他的效果与功能，如冻结、淡出、旋转等。

视频采集卡可以接收视频输入端的模拟视频信号，并且还能对其进行量化采集并转化为数字信号，再将其压缩编码为数字视频流。在对视频信号进行采集的时候，先对其进行压缩，之后借助互连外围设备传送到主机上。PC 视频采集卡主要采用的是帧内压缩的算法，可以将数字化的视频转存为音频、视频交错（audio video interleaved，AVI）格式文件，一些较为高级的视频采集卡还能对所采集到的数字视频数据直接进行实时压缩，变为 MPEG 格式。

（二）摄像机获取数字视频

在获取数字视频时，数字摄像机是非常重要的工具。数字摄像机的组成部件主要有镜头、数字信号处理芯片、电荷耦合器件、存储器和液晶显示器，其中核心部件为数字信号处理芯片。

专业级和广播级的摄像系统是将图像信号数字化后存储，因为相关设备的价格很高，一般单位和家庭无法承受。世界上 50 多个大电子制造公司对数字视频的标准进行了统一，这也就促使了数字视频以合适的价格进军消费领域，随之产生了数字摄像机。数字摄像机借助电荷耦合器件转换光信号可以获得图像电信号，并通过话筒来获取音频电信号。数字摄像机可以对这些信号进行模—数（A/D）转换并压缩处理，之后由磁头转换记录，这一过程中最主要的是信号的数字化处理。

四、数字视频编辑技术

（一）视频编辑技术要素

1. 剪辑

剪辑就是将影片制作中所拍摄的大量镜头素材，利用非线性编辑软件，遵循一定的镜头语言和剪辑规律，经过选择、取舍、分解和组接，最终完成一个连贯流畅、主题明确的艺术作品的过程。在影片制作中，需要将镜头素材重新剪裁编辑处理，使其达到更好的表达效果。

2. 非线性编辑

非线性编辑是相对于传统的以时间顺序进行线性编辑而言的。非线性编辑借助计算机来进行数字化制作，几乎所有的工作都在计算机中完成，不依靠外部设备，打破按传统时间顺序进行编辑的限制，根据制作需求自由排列组合，具有快捷、简便、随机的特性。

3. 镜头

在影视作品的前期拍摄中，镜头是指摄像机从启动到关闭期间，不间断摄取的一段画面的总和。在后期编辑时，镜头可以指两个剪辑点间的一组画面。在前期拍摄的镜头是影片组成的基本单位，也是非线性编辑的基础素材。非线性编辑对镜头进行重新组接和剪裁编辑处理。

4. 景别

景别是指由于摄影机与被摄体的距离不同，被摄体在镜头画面中呈现出范围大小的区别。景别一般可分为五种，由近至远分别为特写、近景、中景、全景和远景。

5. 运动拍摄

运动拍摄是指在一个镜头中通过移动摄像机机位，或者改变镜头焦距所进行的拍摄。将这种拍摄方式拍到的画面称为运动画面。推、拉、摇、移、跟、升降摄像机和综合运动摄像机，可以形成推镜头、拉镜头、摇镜头、移镜头、跟镜头、升降镜头和综合运动镜头等运动镜头画面。在后期处理的非线性编辑过程中，可以利用缩放和位移等特效属性，模拟摄像机镜头运动，形成运动镜头画面效果。

6. 镜头组接

镜头组接就是将拍摄的画面镜头按照一定的构思和逻辑有规律地串联在一起。一部影片由许多镜头合乎逻辑地、有节奏地组接在一起，从而清楚地表达作者的阐释意图。在后期剪辑过程中，需要遵循镜头组接的规律，使影片表达得更为连贯流畅。画面组接的一般规律是"动接动""静接静"和声画统一等。

在影片的画面中，若一个主体的动作或不同主体的工作是非常连贯的，要想实现镜头的流畅，就可以直接用动作镜头组接动作镜头的方式来实现，这就是"动接动"。如果两个镜头中的主体动作不连续，那么在组合这两个画面时，第一个画面中的主体必须在完成一个完整的动作后停下来，然后衔接画面开始时是一个静态场景，这就是"静接静"。在影片的"静接静"组接中，当前一个镜头结束时的停顿时间被称为"落幅"，而后一个镜头开始前的准备时间被称为"起幅"，两者之间通常持续1~2秒。

在对运动镜头和固定镜头进行组接的时候，应该遵循"动接动""静接静"的规律。当一个固定镜头要与运动镜头进行衔接的时候，应该在运动镜头中有起幅；反之，运动镜头接固定镜头时，要求运动镜头有落幅。只有这样画面才能最终呈现出连贯性，不会具有跳动的视觉感。为了达到一些特殊效果，有时也会使用"静接动"或"动接静"的镜头。

（二）数字高清晰技术

高清是广电行业数字化发展的前沿科技。HDTV在传输方式上主要使用数字信号传输方式，不管是电视节目的采集和制作，还是传输和用户端的接收都实现了数字化。在数字电视中这无疑是最高标准之一，相应的设备视频应实现720p（p指progressive scanning，即"逐行扫描"）或1080i（i指interlaced scanning，即"交错式扫描"）的扫描，要具有16∶9的屏幕纵横比，在进行音频输出的时候应该为杜比数字格式5.1声道，同时也应该对其他较低格式的信号实现兼容接收，并且可以对其进行数字化的处理与重放。

目前主流的 HDTV 有 3 种格式，分别是 720p、1080i 和 1080p。HDTV 的最大特点就是高清晰度，然而目前许多显示设备，如背投、液晶、等离子等并不能与信号源的分辨率相适配，换句话说，信号源的优势并不能在这些显示设备中展现出来。相关的研究显示，投影仪是最适合展现 HDTV 画面的显示设备，对于游戏玩家来说，这也是其最希望可以进行播放的设备。大屏幕是投影仪的最大优势，其屏幕尺寸能够轻松达到 100 英寸（1 英寸 =2.54 厘米）以上，可以呈现出极具视觉震撼力的效果。

（三）数字视频节目制作技术

视频节目制作技术是借助计算机技术，以数字或模拟信号的形式实现创作、处理和编辑视频图像及其组成单元（图像、动画、转换、特技效果以及音频）的技术。数字技术的进步弥补了模拟信号的不足之处，全数字电视的发展将极大地改变电视节目制作流程，从摄制、编辑到传播和接收过程都将采用数字信号和数字设备。

视频节目制作技术包含 3 个主要的系统质量级别，即用户级、专业级和广播级。前期拍摄使用的设备级别与后期制作使用的系统配置是划分以上 3 个类别的主要标准。专业级及广播级的视频节目制作技术被广泛地用于高质量影视产品的制作中，其中包括有限的视频和音频层以及复杂的效果，其主要特点是使用专用硬件设备和非压缩或低压缩的视频处理方法。用户级视频节目制作技术则往往使用商品化的硬件设备和视频信号编辑及处理软件，以及众多的压缩方法。用户级视频节目制作系统具有低价格、易操作和制作场地小等特点。采用用户级视频节目制作系统制作的节目，其最终视频播放的帧频较低、图像分辨率较差。

在非线性视频节目制作系统中，计算机参与所有数字编辑和数字效果的处理，直到最终将信号输出至模拟或数字存储媒介，或直接播出或输出到编辑决策表中。数字视频信号的突破性优势在于它可进行非连续结构的编辑，允许用户以任意顺序进行多重剪辑，更容易采用复杂的图像和特技效果。另外，它可以节省用户搜索、倒带和进带等磁带编辑的时间，减少了烦琐的人工操作。因此，非线性编辑在一定程度上取代了传统的线性编辑方式，同时也为媒体管理、流媒体存储与发布、数字电视的发展奠定了基础。

离线编辑是指在编辑时不使用高质量的原始素材进行剪辑。它一般对原始素材进行复制，得到一个工作版本，其内容、时间码均与原始素材相同，供进行剪辑时使用，当最终确定剪辑方案时，再使用原始素材剪辑。在线编辑就是直接用拍摄所得的原始素材进行剪辑。在计算机非线性编辑中，离线编辑还可以采用低质量的视频格式先行剪辑，这样可以大大提高工作效率。剪辑完成后，可以输出编辑决策表，再利用编辑决策表把原始素材采集到计算机的非线性系统中，替代低质量的视频内容，从而完成编辑、播出或存储。

（四）非线性编辑技术

非线性编辑技术覆盖了数字媒体技术应用的主要领域，包括数字视音频技术、数字存储技术、数字图像处理技术、计算机图形和网络技术等，是数字媒体技术在影视领域应用的典型代表。

1. 非线性编辑的概念

非线性编辑被赋予了许多全新的内涵，有了新的含义。在狭义定义中，非线性编辑是指在存储介质上对素材进行剪切、复制和粘贴操作而无须重新排列它们。传统录像带编辑按照特定顺序进行搜索和重新排列素材，即线性编辑。从广义上来看，非线性编辑是指在用计算机编辑视频的过程中，实现诸如特效等处理效果。

2. 非线性编辑技术涵盖的要素

（1）视音频处理卡

视音频处理卡是非线性编辑系统的核心组件，扮演着至关重要的角色，担任着重要的"引擎"角色，其性能直接影响整个系统的运行，其主要功能包括以下几点。

第一，通过采集、压缩/解压缩和最终输出等一系列步骤将音频信号以及视频信号进行 A/D、数—模（D/A）转换。视音频处理卡在模拟信号与数字信号之间有非常重要的地位与作用，其可以被视为"分水岭"。模拟视音频信号通过 A/D 转换可以将素材转为视频文件，并且在硬盘阵列中进行保存，以此为基础，计算机可以实现数字域的处理工作。经过 D/A 转换，视音频数码流可以转换为视音频信号，并且可以实现记录或者直播。视音频处理卡不仅支持复合、分量等模拟信号接口，还能实现对数字串行接口等数字接口的兼容。

在非线性编辑系统中，视频采集卡是具有决定性的部件。视频采集卡的性能直接关乎非线性编辑系统的视频质量。视频采集卡有两大核心内容，即压缩与解压缩。当我们不能对数字视频信号实现有效压缩的时候，非线性编辑就会在工作站上进行压缩。对于普通 PC 而言，海量的数字视频数据使其不堪重负，其很难对无压缩数字分量视频信号进行正常的处理，也无法对无压缩数字复合视频信号进行正常和有效的处理，鉴于此，其也无法有效完成非线性编辑工作，即无压缩数字视频信号的工作。当前，数字图像压缩技术获得了快速的发展，出现了很多不断成熟的图像压缩算法，基于此，我们在普通 PC 上对视频进行的非线性编辑也得以实现，这一实现的关键在于各种图像压缩算法的出现。这种压缩算法是视频采集卡的基础，视频采集卡将压缩程序集成在硬件之中。就当前的非线性编辑系统而言，基本上算法采用的是 Motion-JPEG 压缩算法，可以实现对视频图像的实时、逐帧压缩，并且还能精确到帧的后期编辑。Motion-JPEG 压缩算法是对称的，也就是说压缩和解压缩是对称的，二者可以采用相同的硬件与软件来实现，这有利于在压缩/解压电路上的高度集成化。这种算法并非非常复杂的算法，在使用的时候可以实现无损压缩，这就需要用很小的压缩比进行全帧采集，压缩比为 2∶1。

第二，特技的加速。非线性编辑系统在以往制作特效时一般会利用软件来实现，需要耗费大量的生成时间，效率并不高。此外，在这一过程中还可能出现信号被重新压缩的情况，导致图像的质量不高。视音频处理卡中的数字视频效果（digital video effect）特技板，可以实现两路的实时特效或多路的实时特效。借助硬件来制作特效不仅具有较快的速度，并且还有较高的效率，重要的是还能进行实时回放。

第三，具备叠加字幕的功能。就当前的非线性编辑系统来看，其实现了将众多功能，如视音频采集、实时特技、视音频回放等，集成在同一块卡或一套卡上，这使得系统有着非常简洁的硬件结构，并且有着较快的处理速度。

（2）大容量数字存储载体

数字非线性编辑系统所要存储的是大量的视频和音频素材，数据量极大，因此需要大容量的存储载体，目前硬磁盘（即硬盘）是一种最佳的选择。非线性编辑的特点对硬盘的容量和读写速度提出了更高的要求。影响硬盘数据传输率的因素一是磁头的读写速度，二是接口类型和总线速度。磁头的读写速度既取决于采用何种磁头技术（如磁阻磁头技术），又取决于硬盘的主轴转速。现在常见的硬盘转速有 4 500 转/分、5 400 转/分、7 200 转/分、10 000 转/分。

（3）非线性编辑接口

非线性编辑系统工作时将视频和音频素材从录像机上载至计算机的硬盘上，经过编辑后再输出至录像机记录下来。信号的传送是通过视音频信号接口来实现的。另外，为了适应网络传送的需要，非线性编辑系统的接口也要考虑到广播电视数字技术及计算机网络发展的潮流。在非线性编辑系统中，数字接口由两部分组成，即计算机内部存储体与系统总线的接口，以及非线性编辑系统与外部设备的接口。后者包括与数字设备连接的接口以及与网络连接的接口两部分。

五、数字视频特效处理技术

在视频制作流程中，数字视频制作是重要的步骤。后期制作就是有机地整合数字视频作品中的各个元素，具体包括画面剪辑、配制音乐音效、录制台词、合成特效等。数字视频作品制作的前期是对单个片段分别进行处理，然后将经过后期加工的独立片段组合成完整的数字视频作品。在视频的制作中，数字视频后期制作作为技术支撑存在，一般好莱坞影片中的科幻世界基本上依靠大量的后期制作，其中最为显著的就是数字特效。只有当技术和艺术相辅相成、完美融合时，影视作品才能打动观众。后期制作已经在人们的生活中发挥越来越大的作用。

（一）特效与影视后期特效制作

特殊效果简称特效。数字视频一般在后期制作的时候借助特效的制作可以对过去一些事物进行重现，也能对未来的景象进行创造。较为典型的是在影片《侏罗纪公园》中，数字特效被用来创造恐龙这一重要角色的形象，使用数字特效制作的恐龙生动形象，在视觉上给观众留下了深刻的印象。

在影视视觉效果中，影视后期特效制作已经成为举足轻重的环节。影视后期特效制作主要指的是在计算机软件和硬件的辅助下，为了制作出特殊视觉效果而使用数字化处理技术的过程。当前科技在不断进步，在硬件设备方面，影视制作中的数字特效实现了全面的应用，这就促使计算机取代了影视设备。此外，在从业人员方面也发生了相应的转变，影视后期制作者由最初的专业人士逐渐转变为非专业人士。在互联网上，一些爱好者会对经典影视作品进行二次创作，并且将重新创作的成果分享给其他网友。就当前的软件设备来看，一般人们使用的是具有多种功能的软件，如非线性编辑软件等影视后期制作软件，其不仅可以完成处理、剪辑视音频素材，还能进行字幕的制作以及完成视频的输出等。

（二）数字视频后期特效在影视艺术领域的应用表现

1. 画面感

以电影《侏罗纪公园》为例对画面感进行论述。在这部电影中，我们可以看到非常多的古生物，这些古生物在现实中是不存在的，为了更好地将其呈现给观众，制作者在电影中使用了特效，利用数字化的古生物模型使得影片中的古生物更加逼真和形象。此外，电影《大白鲨》中的大白鲨也使用了数字特效，这就给观众带来了非常逼真的视觉效果。一般来说，在影视作品中，我们制作的影视后期特效都是将视觉元素创造出来，保证作品从视觉和画面上呈现出非常震撼的效果，这样观众在观看影片的过程中才会产生身临其境的感觉。

在电影《神话》中也使用了特效，最为经典的是男主角和女主角在秦王陵中飞翔，他们的周围是非常陡峭的悬崖，这种画面就是由特效产生的，通过画面的合成创造出一种虚拟的场景，将演员的表演与其进行融合。不仅如此，在天气预报中，主持人身后的背景效果也是借助合成画面的处理来实现的，有时候是波澜壮阔的大海，有时候是浩瀚无垠的宇宙。

2.色彩感

在影视后期特效制作中，为了呈现出更加完美的画面色彩，一般会进行调色。在电视剧《新白娘子传奇》中，为了将白蛇人形表现得更加神秘，在后期调色的时候，在画面中呈现出朦胧感，增强了视觉效果。在彩色影片出现之前影视作品几乎都是黑白作品，也没有特别高清的画质。拍摄解放战争时期的影片时，如果需要突出色彩感以符合相关的题材，就需要我们进行后期的调色处理，将影片中一些明亮的色彩变得朴素和简单才能具有时代感，呈现怀旧的氛围，具有那个时代特有的沧桑感。

当前，数字视频后期特效制作有着非常广泛的应用领域，不仅在动作电影中有所应用，还运用到科幻电影、恐怖电影之中，此外，在电视栏目以及广告和宣传片中也有其身影。我国的影视后期制作水平与好莱坞电影的制作水平相比还有差距，这就需要我们提高影视后期制作水平，因此，我们需要吸引更多的专家和学者对数字视频后期制作进行深入研究。

（三）数字视频编辑后期特效处理类型及具体应用

立足于产生方式与真实影像的关系角度，我们可以对特效进行细致的划分，主要分为三类：一是补充合成型特效，二是创造合成型特效，三是特殊处理型特效。对于当前市场上的大部分影视作品来说，其特效基本上融合了以上三种类型，并非仅仅使用某一种类型。

补充合成型特效将多个真实影像完美地结合在一起，采用计算机技术与传统拍摄方式相结合的手段。这种数字特效通常用于解决传统特效无法处理或无法实现的问题，它是通过抠像技术将两个不同的影像合成为一个画面的创造方法。这种数字特效的特点是追求逼真度，使观众难以分辨画面的真实性。

创造合成型特效对于画面中的人物或景物可以在生成的时候使用计算机图形图像技术，然后将画面中的人物或景物合并到正式拍摄的人物或场景中。一般来说，我们要创造虚构的物体或者非人类生命的时候会使用这种数字特效。在使用的时候，创作者先进行技术建模，这就需要用到计算机三维动画技术，要想让生成的物体具有完整的运动轨迹就需要使用动作跟踪软件，之后将其与真实的拍摄画面进行合成，便会产生完整的镜头。

特殊处理型特效主要借助计算机图像软件对一些在实际拍摄镜头中的人物、景象以及镜头运动进行特殊处理。人物、景物以及镜头运动在经过处理之后会更加突出，这就是这种数字特效所产生的效果。这种效果与前两种数字特效形式有所不同，特殊处理型特效并非让影片达到以假乱真的效果，而是让观众注意到这种经过特殊处理的痕迹，借此来将影片的思想表达出来。通过视点和运动轨迹，影片可以轻松地调动观众的情绪。

在电影《阿甘正传》中有补充合成型特效的运用，最为典型的是阿甘与肯尼迪总统握手这一场景。创作者为了实现这一场景，将真实的影像与另外一个影像进行抠图处理，在此基础上合成这一画面，给观众带来非常逼真的视觉效果。补充合成型特效在数字特效中属于最早使用且使用最为频繁的一种，从特效电影《星球大战》《侏罗纪公园》，到之后的《加勒比海盗》等，都有补充合成型特效的应用。抠像技术在面对电影《金刚》中8米高的大猩猩时，不太能达到较好的效果，此时就需要运用创造合成型特效，也就是说创作者先借助三维软件进行建模，然后在动作跟踪软件的支持下让生成的物体具有动作轨迹和运动轨迹，之后再与真实的拍摄镜头进行合成。使用这种数字特效最有经验的当属美国导演斯皮尔伯格（Spielberg）与新西兰电影导演彼得·杰克逊（Peter Jackson）：斯皮尔伯格在《侏罗纪公园》中借助创造合成型特效复活了恐龙王国，彼得·杰克逊在《指环王》中借助创造合成型特效开创了特效新时代。在影片《指环王》中，咕噜是非常有知名度的角色，其被称为计算机图形史上最棒的角色。剧组的设计人员和计算机图形工作组对于这一角色都非常满意，这使得在电影中实现了对变异哈比人的完美融入。咕噜在出场两分钟后，观众就已经接受了这一角色，并且认为其是影片中的重要角色，当然，这一角色也实现了在《指环王》三部曲中的成长与形象塑造。《指环王3》中的特效镜头创历史新高，有1 400多个。此外，影片《危机四伏》和《骷髅岛》更加实现了对数字特效的完美使用，如巨大的黑猩猩和3只与黑猩猩体型相仿的史前巨龙进行了对决。通过精湛技艺，彼得·杰克逊在模型制作中充分展示了对新老特效技术的完美结合。

特殊处理型特效在影片中的应用最为典型的是《黑客帝国》中"尼奥躲避子弹"这一幕。正因为不断转动的镜头，观众可以对这段神奇和优美的慢动作进行细致观察与欣赏。在观众的视角中，这种效果是非常正常的，但是这种效果的制作只有美国导演沃卓斯基（Wachowski）兄弟了解。在最初阶段，沃卓斯基兄弟就有非常大胆和超乎常人的想法，他们想在摄像机上安装一个小型发射器，以实现摄像机的极速移动。但是，在实际操作之后这种方法并不能产生良好的效果，甚至出现了摄像机在录制过程中突然爆炸的情况。约翰·加塔（John Gatta）是当时的特效总监，其针对这一问题提出了解决方案，在拍摄的时候，他将摄像机围成一圈，对着拍摄目标进行拍摄，这样就可以在拍摄中实现对每一个镜头的快速且连续的捕捉，之后对这些镜头进行处理。与以往的电影特效不同，该片段并未沿用之前的电视广告、音乐录影带中的特效方法，而是另辟蹊径，为观众呈现了不一样的特效，展示了独有的魅力，因此，其成为《黑客帝国》中最具代表性、最佳的特技片段。《暗黑扫描》与其他的动画电影不同，其是一部具有独特风格的动画电影。在这部电影中，制作者使用了插值软件，这就使得处理速度实现了大幅提升，真实的影像可以快速渲染成油画质感的画面，这种特效的运用使得其劳动量与影片《半梦半醒的人生》相比有了大幅度的降低。尽管如此，每一名动画师依旧需要完成每周约100帧的任务，而在电影中，这100帧仅仅相当于4秒时长，50名动画师花费了将近一年半的时间才完成这部电影。

（四）数字特效处理中的关键制作技术

在后期的特效处理中，我们可以对视频片段进行处理，可以让画面本身产生变化、进行旋转，也可以实现旧电影胶片的视频效果，还可以实现视频色调变化的效果。因此，在进行视频片段的初步编辑之后，后期特效处理更为重要。数字特效制作有以下3种关键技术。

1. 抠像

抠像是将图像背景中的单一颜色通过键控功能抠掉，之后与其他背景合成制作者需要的背景，并将图像的前景主体部分放在一个新的背景中的一种技术。在影视制作过程中常常需要进行抠像处理，即将视频画面中的特定部分分离出来，以便与其他画面进行合成。一种常见的方法是使用软件抠像，在拍摄视频时先使用鲜艳的蓝色或绿色背景进行视频的拍摄，后续借助计算机软件进行后期处理。另一种常见的方法是在拍摄的时候使用专业设备（这些设备价格昂贵），在拍摄的时候可以实时抠像，可以对影片中的前景对象与各种背景进行抠像。抠像技成本低、效果好、摄制安全，抠像如今已经成为视频后期制作非常关键的一个步骤。

2. 动画特效

现代电影得益于不断成熟的三维动画技术并实现了快速的发展。在《侏罗纪公园》系列电影中，模型与动画的结合为观众呈现了数千只栩栩如生的恐龙形象。在影视领域，计算机实现了广泛应用，并且随着制作软件的不断增多和升级，三维数字影像技术打破了影视拍摄中的局限性，弥补了拍摄视觉效果的不足，计算机制作所需要的成本费用与实际拍摄相比更加实惠，并且还能缩短时间，可以解决由外景地天气、预算费用以及季节变化等造成的剧组时间问题。

3. 其他视频特效

我们这里所提及的其他视频特效主要包含文字特效、镜头分割、三维特效、遮罩与蒙版、运动与跟踪特效、粒子系统特效等。

（五）数字特效的制作流程

尽管在电影制作中特效所占比重不是特别高，但是特效的运用可以使电影呈现出更加强烈的视觉表现，满足人们的观影需求。在好莱坞电影中，特效电影所占比重较高，在高票房的电影中，特效制作的成分非常高。由此可见，在电影制作中，特效制作已经成为平常的事情。

下面介绍一下特效电影的基本制作流程。

①研发。电影特效的目的是带给观众视觉上的真实感，增强视觉表现力，要想达到这一目的就需要不断进行技术研发。研发部门主要为当前的一些 Maya、Nuke 等特效制作软件提供插件，或者提供独立的软件，其主要的构成人员为科学家、数学家以及程序员。例如，研发部门在影片《返老还童》的制作中，为了将虚拟人物的面部表情塑造得栩栩如生，其依托于面部编码理论专门开发出新的面部表情动画控制插件，将这一插件安装在 Maya 面板下。又如，在电影《阿凡达》的制作中，制作者需要采用"表演捕捉"的虚拟角色动画方式，在拍摄现场就使用了虚拟摄影机这一新开发的技术，制作者可以看到初步合成的效果，以便进行后续的处理。

②技术试验。这一阶段的主要内容是，特效制作部门向投资方、制片人以及导演等展示其所具备的整合制作能力，或者将某一种新技术所能产生的效果展示出来，或者将效果所具有的影像风格呈现出来。这一阶段的主要目的是，特效制作部门需要让客户相信其技术和效果可以满足客户的需求。一般来说，技术试验

片都是由经验丰富的艺术家或者技术人员完成的。

③概念设计。在这一阶段，影片重要的创作人员会集中研讨，导演也会集合美术指导、摄影指导、特效指导等进行集体的商定，由概念设计师进行具体的实施工作。概念设计就是用非常精美的彩绘图像将影片的视觉风格展示出来。一些场景概念设计、动物概念设计、植物概念设计、角色概念设计、机甲概念设计、武器概念设计等，有时候需要专业的人士来完成。概念设计过程常常反复，这也是为了之后实际拍摄的顺利以及减少制作中的曲折。在完成概念设计之后，会产生非常精细的制作图，主要用于制作计算机三维模型和实体模型。

④分镜故事板。分镜阶段可以放在概念设计完成之后，也可以与概念设计同步进行。从功用来看，此时的分镜故事板与实拍电影是一致的。分镜故事板主要作为一种对拍摄制作流程安排的初步指导出现。在制作动态故事板，也就是实施视觉预演故事板时，我们也可以考虑简化分镜故事板。

⑤模型制作。自前期的制作阶段开始，模式制作就可以分为两种：一是实体模型，二是数字模型。就当前的大型特效电影来说，在制作视觉预演故事板的时候往往需要低面数模型。概念设计后的制作图或实物样本通常被视为三维制作的标准，有时一些雕塑家也会不经过概念设计部门直接制作实体模型，主要用于虚拟角色、重要道具等的制作提示或扫描。三维制作人员会将实体模型的数字版本制作出来。在制作数字模型的时候会制作出不同的面数级别，一般来说，视觉预演主要使用低面数模型，动画使用中级别模型，最终渲染使用非常精细的高面数模型。

⑥视觉预演。这主要指的是借助三维软件用动画的形式呈现整个剧本或者手绘分镜故事板，也称动态故事板。据此，导演可以对摄影机的调度方式、布景情况等有更加直观的预见，这对于导演的现场拍摄具有指导作用，同时有利于后期的制作。视觉预演的一般制作由动画师使用低面数模型来完成，并且会对不同的版本进行调整，导演可以据此来进行选择。在拍摄现场应该严格执行视觉预演中确定的构图、运动等，但是在现实中，一般会与预期有所偏差。

⑦参考图片和参考资料。一般来说，参考图片或者参考资料有两个方面的来源：第一，为了实际拍摄，美术置景所搭建或者所选择的实际场景、道具、服装、小模型等；第二，在对拍摄现场进行拍摄的时候所获得的相关资料。视觉效果指导率领的特效制作部门会在开机的时候与传统的拍摄方式相配合，一起对现场进行拍摄指导。视觉效果指导需要确保获得适合进行后期处理的影像，不仅需要对现场提供建议，还需要对用于打光的参考、建模的参考图片、纹理绘制、为数字

绘景拍摄的素材等相关的资料进行搜集。在特效的制作中，这些视觉参考信息具有重要的作用，这些信息越多越好。在图片之外，还需要记录一些诸如场景的尺寸、镜头的焦距、镜头跟踪的辅助点信息、光圈等关键数据，以方便后期的制作。

⑧三维模型扫描。我们不仅需要收集图片资料，还需要三维扫描的关键道具、场景以及演员。对于演员的三维扫描有时候会在拍摄完成之后进行，但是基本上因为演员档期安排问题会在拍摄期间来完成扫描。在制作中，通常会通过精密扫描设备进行三维模型的扫描，并由建模人员进一步加工和修改，以生成适用于预演、动画和渲染的不同版本。此外，还有一种建模方式是基于图像的建模，这种方式无须使用三维扫描仪。

⑨拍摄高动态范围环境贴图。我们在获取图片资料的时候，还需要拍摄高动态范围环境贴图，即"基于图像的照明"的环境贴图，主要用于渲染软件。在拍摄的时候，一般采用的是多角度拍摄，使用鱼眼镜头或者金属反光球进行拍摄，之后在修图软件中对图片展开并且进行后续的拼接，至此形成全景图。此外，还需要进行包围曝光拍摄低动态范围图像从而合成高动态范围图像。

⑩底片扫描。在完成现场拍摄之后，需要根据实景影片的生产工艺进行冲洗、转磁、声音制作等工作，这几项工作是和特效制作一起进行的。导演和剪辑师决定镜头的使用，之后将底片扫描文件交给特效部门，特效部门据此进行特效的制作。大多数影片都用分辨率为 2K（2 048×1 556）的 LOG 格式来保存图片，以尽可能保存图片中的细节。若在拍摄的时候使用数字摄影机，就需要对数据文件进行转码，要保证格式可以更好地适用于特效处理。

⑪画面初级校色。校色的对象主要是转码后的数字底片文件或者是扫描后的底片文件，在进行初级校色之后保证镜头之间的色调以及曝光度可以实现有效衔接。一般来说，影片中创作性质的调色会在调色车间完成，主要由摄影指导及调色师在影片的特效制作完成之后进行。画面初级校色服务于特效制作，是特效制作的基础。

⑫画面修复。画面修复主要针对一些使用胶片拍摄的项目。冲洗胶片的过程中不可避免地出现各种痕迹，因此，需要专门的部门以及人员在胶片进入特效制作系统之前修复画面中的污点。此外，在有些电影项目中，还需要进行降噪处理，将胶片或者数字摄影机拍摄文件的颗粒度进行处理。

⑬装配。在装配的过程中需要非常复杂的技术，装配师应该对运动的物理过程有深入的理解，并且明确运动各个部分之间的相互影响。装配师在对动物体装配的时候，需要对骨骼的层级关系进行妥善处理，并且应该对肌肉和皮肤之间的

相互影响关系有所了解。在完成骨骼的装配之后应该进行测试，这主要由动画师来完成。在有需要的时候为了呈现出更好的效果，应该对控件进行修改并增加新的控件。

⑭动作捕捉。动作捕捉在特效电影中是极为重要的一个环节。在过去，主要捕捉形体动作，一般会在制作远景的虚拟角色的动画中使用，或者在一些生物主题的动画制作中使用。较为典型的是，影片《泰坦尼克号》中甲板上的人群，影片《蜘蛛侠》中蜘蛛侠在空中的弹跳，影片《金刚》中生动逼真的金刚，影片《返老还童》中非常逼真的人物面部表情。当前的动作捕捉技术有了改变，朝着被加拿大电影导演詹姆斯·卡梅隆（James Cameron）称作"表演捕捉"的方向发展。在影片《阿凡达》的拍摄中，为了使人物的面部表情更加逼真，在拍摄的时候使用了专门的摄像机对人物的面部表情进行拍摄，这些图像主要用于动画的制作之中。

⑮运动跟踪匹配。在底片扫描完成后，镜头跟踪工作就会立即展开。首要任务在于镜头轨迹反求，一般使用的是三维跟踪软件，这时在拍摄现场记录的镜头参数对于后续的处理有重要的意义。一般情况下，软件自带的跟踪功能可能无法处理复杂的镜头运动，因此可能需要手动调整参数或者使用专为项目设计的、新的跟踪软件。摄影机轨迹在精确的镜头跟踪完成之后，会被送入三维软件或二维合成软件。此外，还要追踪角色、道具等物体的运动轨迹。

⑯模型动画。动画制作是根据故事情节的要求，对预先设置好的虚拟元素进行制作，如形体运动、动态表情、物理运动等。角色、生物体、机械装置等都属于虚拟元素。动画师在制作模型动画的时候需要使用中级别模型，这在动画师需要的精确度的基础上可以防止出现由太多面数细节导致的工作速度降低的情况。在调整完成动画之后，一般使用灰色的模型动画向导演、特效指导等进行展示，不需要带有光影材质的渲染，在动画的调整过程中常常进行多次的修改工作。

⑰效果动画。这主要是指借助模拟的方式来生成的动画。进行模拟的基础是反求出的虚拟摄影机、三维场景（动画的虚拟元素所在地）。例如，我们需要制作某个人身上着火了的画面，应该先粗略地制作一个人物角色模型，并且对模型动画进行调整，在此基础上，效果模拟人员就可以将模型作为发射火焰的发射体，不仅如此，低面数模型也能为火焰动画的渲染提供遮罩，成为之后精确合成的重要基础。

⑱纹理贴图。只有在纹理贴图之后，模型才能呈现出真实感。纹理贴图所涉及的不仅有色彩细节，还有用于增强模型形体细节的贴图，如置换贴图、法线

贴图等。动画师在经过测试后才能使用贴图来对扭曲、拉伸等问题进行修正。在这个时候，之前所收集的图片资料就有了用途，对于这些图片，在遵循模型拓扑结构的基础上，材质师会绘制固有色、高光贴图、反射贴图、凹凸贴图等。要保证贴图具有较大的分辨率，并让摄影机在对准模型的时候不出现问题，甚至需要8K像素以上才可以。

⑲材质受光研究。在这一阶段主要是对贴图、材质以及光照等进行综合，以此来研究模型渲染之后所能呈现出来的效果，这些效果中包含很多细节，如粗糙度、透射度、反射属性、高光属性、发光度等。经过渲染之后的模型与实际的物体非常相似，可以呈现出"照片级"的渲染水平。当然，如果物体是自然界中不存在的，如怪物，那么物体材质所需要呈现出的观感就需要由材质部门、导演、视觉效果指导来决定，在这种情况下材质部门应与研发部门相互配合，并且根据需要对现有的材质进行改进或者研制新型的材质。

⑳打光及渲染。灯光师会在调整好动画和材质之后对虚拟场景进行灯光的渲染和设置。在这个阶段通常会使用高动态范围贴图，不过为了增强真实感，一般还会加入额外的数字灯光。对于一个场景的渲染或者一个模型的渲染，灯光师会进行分通道渲染，并且还会进行初步的合成测试，这一般会在底片数据文件上进行，只有在效果达标之后才能将分层渲染的文件交给合成部门，让合成部门进行合成。

㉑遮罩分层。拍摄时要注意将不同层次的元素清晰分隔，在后期合成时可以无缝地将虚拟元素融合到实际画面中。在拍摄中，如果需要呈现真人演员与机器人打斗的场景，就需要在进行实景拍摄的时候让真人演员在布景中进行表演，这就需要使用遮罩分层的处理方法，遮罩制作人员会按照真人演员的轮廓逐帧进行绘制遮罩，这样可以实现背景与真人演员之间的分离，之后将三维软件制作的机器人加入其中即可。在拍摄中，有些镜头是使用蓝绿幕拍摄的，这样可以更轻松地获得遮罩效果。但有时候无法使用蓝绿幕，那么唯有在后期逐帧绘制遮罩。

㉒元素实拍。用计算机图形软件模拟自然物质，如烟雾、水花和灰尘等，并不一定是最佳选择，有时候在实际拍摄时，如在黑背景或使用蓝绿幕的情况下，可能效果更佳。此外，对于一些使用小模型制作的局部布景以及道具等也能进行实拍。一般来说，特效摄影部门（特效制作部门的下属部门）主要负责实际的拍摄，在多个项目的积累之后就会建立起相应的素材库，在这种情况下，制作人员就能轻松地获取这些元素，也不会花费大量的时间来思考如果使用相关的程序来对其进行模拟。

㉓合成。在特效镜头制作中，合成堪称最后一道工序，所有部门的工作成果将在这一阶段实现整合。合成师会借助合成软件对各个计算机图形元素进行自然且真实的合成，需要尽可能地消除合成痕迹。在进行合成的时候，合成师应该对画面的构成以及镜头的构成原理有深入的认识和理解。在这一阶段中也包含数字绘景师的工作，在其他部门提供的计算机图形元素的基础上，数字绘景师会依托现场拍摄所获得的图片资料来绘制背景。在完成合成工作之后，特效指导或者导演会对镜头进行讨论，这个过程通常会多次进行。

㉔输出。最终输出的格式应该与底片扫描文件保持一致，或者与数据转码文件保持一致。特效镜头应与实拍无特效镜头进行整合后一起提交给数字中间片校色部门，由该部门对其进行统一的校色，之后的工艺步骤与实拍电影的步骤一致。

第三节 数字媒体图像处理技术

一、图像数字化过程

在自然界中，原始的图像多以连续的非数字形态存在，因此在处理前需经过数字化转换。图像的数字化过程主要包括采样、量化和编码3个核心步骤。

（一）采样

采样就是在描绘一幅图像时，确定使用多少个点来呈现的过程。这些点的分布和数量，对于最终图像的质量和精细度具有至关重要的影响。图像的分辨率，即单位长度内像素点的数量，是衡量采样质量的主要标准。分辨率越高，图像中的细节就越丰富，视觉效果也就越佳。在二维空间中，一幅连续的图像会被分割成无数个微小的单元，这些单元按照一定的规律排列，形成网格结构。这些网格中的微小单元称为像素点。像素点作为图像的基本构成元素，承载着图像的颜色、亮度等信息。

对于连续图像函数 $f(x, y)$ 进行空间离散化处理，即沿 x 方向以等间隔 Δx 取样，取样点数为 N，并沿 y 方向以等间隔 Δy 取样，取样点数为 N，于是得到一个 $N \times N$ 的离散样本阵列 $[f(m, n)]_{N \times N}$。采样点间隔的设定在图像采样过程中扮演着至关重要的角色，其直接关系到采样后图像能否真实、准确地反映原始图像的内容。采样点间隔就是在进行图像采样时相邻采样点之间的距离。这个距离的大小直接决定了采样后图像的质量和细节保留程度。在一般情况下，如果原始图像中的场景较为复杂，色彩变化丰富，那么为了确保采样后的图像质量，我们应当选择较小的采样间隔。为了达到由离散样本阵列以最小失真重建原始图像的目的，取样的密度（间隔 Δx 与 Δy）必须满足奈奎斯特定理：图像采样频率必须大于或等于源图像最高频率的两倍。实际情况是空域图像 $f(x, y)$ 一般是有限函数，那么它的频域带宽不可能有限，因而用数字图像表示连续图像总会有些失真。

（二）量化

取样是对图像函数 $f(x, y)$ 的空间坐标进行离散化处理，而量化是对每个离散点（像素）的灰度或色彩样本进行离散化处理。在图像处理流程中，量化是一个不可或缺的环节，其目的是将采样后的图像中每个像素的取值范围划分为一系列子区间，并为每个子区间内的像素值指定一个统一的代表值。鉴于人眼对不同亮度和颜色的敏感度有所差异，量化过程需着重保留那些对人眼感知更为关键的信息。量化过程中确定的离散取值数量被称为量化级数。为确保量化后的图像仍能满足一定的质量标准，通常需要设置超过 100 个的量化级数。一般而言，量化级数越高，所得到的图像质量就越好，但相应地，这也意味着对数据存储和传输的需求会增加。除了量化级数，量化字长也是量化过程中一个至关重要的参数。图像的颜色信息可以通过 8 位、16 位、24 位或更高位数的量化字长来精确表达。量化字长决定了量化后色彩值（或亮度值）所需的二进制位数。值得注意的是，随着量化字长的增加，图像的颜色表达将更趋近于原始状态，但同时，数字图像存储容量也会增加。

在现代数字图像处理技术中，量化方法发挥着至关重要的作用。作为其中最为基础和普遍应用的方法，均匀量化以其独特的性质广泛应用于各类图像处理任务中。均匀量化的特点在于各个量化判决阈值间的距离保持一致，这种等间隔的量化方式使得处理过程更加简洁和高效。非均匀量化则突破了等间隔的限制，能够根据图像或其局部特征的特定需求进行灵活调整。非均匀量化的应用往往基于对人眼视觉特性的深入理解和量化误差容忍度的权衡。此外，与传统的标量量化方法不同，矢量量化将多个像素值作为一个整体进行处理，通过寻找最佳匹配码字来实现量化。这种方法能够充分利用像素间的相关性，提高量化效率并减少量化误差。

（三）编码

数字化图像的数据量往往非常大，这给图像的传输和储存带来了极大的挑战。为了有效压缩数字化图像的信息含量，编码技术应运而生，成为图像传输与储存过程中的关键环节。编码压缩技术通过去除图像中的冗余信息，在减少数据量的同时保持图像质量，从而实现了图像的有效压缩。在编码压缩过程中，通常采用预测编码、变换编码、分形编码以及小波变换图像压缩编码等多种算法。

图像编码技术虽能有效地提高图像信息的压缩比率，但缺乏统一的编码标准，会严重制约各系统间的互通性。因此，制定一个统一的图像编码标准，对于实现图像信息的跨系统传输与存储来说，显得尤为重要。

自20世纪90年代起，为推进图像压缩技术的规范化，国际电信联盟、国际标准化组织及国际电工委员会共同承担起制定静止和活动图像编码国际标准的重大职责。经过不懈努力，目前已有 JPEG 标准、MPEG 标准等多个标准获得批准并广泛应用。

二、图像处理流程

不同图像的处理流程因受素材条件和成品要求差异性的影响而存在很大不同。图像处理过程既可以是轻松简单的，也可以是复杂精细的。在简单的场景下，我们可能只需要对图像进行剪裁、调整尺寸，或者在特定位置添加文字。然而，在更复杂的场景中，图像处理可能涉及将多个图像素材巧妙地剪接、合并到一幅图像中，甚至需要添加特定的艺术效果以提升图像的视觉效果。在实际处理中，有可能仅涉及其中的某一步或某几步，但图像的主题和目标始终指导着图像处理的每一步。另外，图像处理是一个包含技术和艺术的创作过程，需要反复实践才能达到得心应手的程度。

（一）确定图像主题及构图

在图像设计与处理过程中，每个步骤均围绕明确的主题与目标展开。因此，在正式展开工作之前，确立清晰的主题与目标至关重要，即想制作什么样的图片、表达什么样的情感。主题可以帮助限定基本素材的选择范围和画面基调，构图决定了各素材的搭配位置，有助于形成初步的视觉效果。

（二）确定基图（图纸）的尺寸和基调

根据设计目标确定图像的图纸大小，也为以后各要素的尺寸和大小排布确定一个可供比较的基准。在确定基图尺寸后，还应确定预想的主题反映在图像中是什么样的基调（如主要色彩倾向、图像的风格等）。如果希望构建一幅新图，那么为了保证成品图效果，需要选择真彩色或灰度模式。

（三）获取基本的数字图像素材

观察网页版头时我们可以发现，通常一幅成品图是由多个素材合成的，因此在开始着手制作成品图前，应该先准备好图像素材，然后对图像素材进行导入。这些图像素材的来源多种多样，常见的一种获取方式是从磁盘、光盘等存储设备中复制得到，另一种获取数字图像的方式是通过视频采集卡直接从视频信号中捕获。此外，如果原始图像以照片或印刷品的形式存在，就需要通过扫描仪将其转化为数字格式。在获取数字图像的过程中，为了保证图像的色彩真实性和清晰度，推荐使用真彩色或灰度模式。除了选择合适的颜色模式，在选择图像尺寸时也需要考虑最终应用的需求。图像尺寸过大或过小都可能影响图像的质量和效果。因此，建议尺寸与预期成品图保持基本一致或稍大，以确保图像质量不受损。

（四）处理素材

通过光盘、网络、扫描仪等方式获取大量素材后，接下来就要将素材中需要的部分融入图像并进行效果调整。在处理图像时，需要先从海量的素材库中精心挑选出与主题相契合的图像元素。在挑选好所需的素材之后，接下来的一步是将其精确地从背景中分离出来。使用图像处理工具中的选择工具、蒙版、画笔等，可以将所需的素材精确地抠取出来，并去除多余的背景部分。完成抠图后，需要将这些素材放置在基图的不同图层上。在调整素材的过程中，要注意保持整体的视觉效果和谐统一，要细致地调整素材的大小、位置和堆叠次序，以确保它们在视觉上能够和谐地融合在一起。需要注意的是，如果提取的素材尺寸不符合基图的规格，直接缩放可能会导致素材边缘的形变或产生锯齿状效果。为了获得更高质量的素材效果，推荐的做法是对原始素材图像进行全局的重采样。

（五）在图像中叠加文字或绘制图形

经常需要在图像中叠加或绘制各种文字及图形，这些图案的整体效果应该与图像风格保持一致。在进行图形或文字叠加的设计过程中，新增元素需独立创建为新图层。此举旨在确保后续编辑阶段各图层可灵活调整以满足设计需求。同时，基图中各图层的位置也应根据实际需求进行精准调整，从而确保设计效果符合预期目标。

（六）各对象的处理及整体效果调整

该环节的任务是根据设定的主题及预期的整体效果，对全部素材进行最后调整，得到图像处理结果。先将非当前编辑图层暂时隐藏，避免其他图层在编辑过程中产生干扰或被干扰。在处理过程中，应及时保存已完成的图层，以便在误操作或需要大修时快速恢复。

（七）图像转换并保存文件

虽然在网络上或其他文件中使用的贴图一般是 JPEG 等数据量较小的格式，但是处理好的成品图像应该先保存成图形文件格式（PSD）文件，从而保存各图层信息，以便将来做进一步处理。然后，将处理完毕的图像合并图层，根据需要对合并后的图像进行转换及压缩处理，转换方式和保存类型根据需要而定：如果需要缩减占用的存储空间，则可将真彩色图像变为 256 色图像；如果需要用于针式打印，则可以将彩色图像变为黑白图像；如果需要用于出版印刷，则需要变换为分色图等。需要注意的是，如果预计图像将通过网络或硬盘广泛流通，那么图像的存储格式需要保证一定的通用性，可选择 JPEG 格式、标记图像文件格式（tag image file format，TIFF）等进行保存。

三、数字图像获取方式

数字图像又称数码图像或数位图像，是由模拟图像通过数字化后得到的，以像素为基本元素。数字图像是以数字形式呈现的图像，是物体在数字世界中的映射。这种映射方式在现代社会中极为普遍，成为传递物理世界事物状态信息的重要载体。数字图像不仅丰富了人类获取外界信息的手段，还提高了信息处理的效率和准确性，是我们认识世界、理解事物的重要途径，为众多领域的发展提供了有力支持。数字图像可以由许多不同的输入设备和技术生成，如数码相机、数码摄像机、扫描仪等。

（一）用数字化设备采集数字图像

图像的生成源于照射源与场景元素间的相互作用，这种作用通过能量的反射或吸收得以体现。传统光学成像利用相机镜头和快门聚焦被摄物体反射的光线，先在暗箱中的感光材料上形成潜像，再经过冲洗生成照片。数字图像的主流采集设备包括数字照相机和数字摄像机，其利用光电效应，使相机镜头成像在纱窗格型的面阵光感应式电荷耦合器件或互补金属氧化物半导体上，利用光电元件上所生电荷与接收光强的正比关系,将被摄景物的光线反射信息反映在数字图像中。

采用数字设备可以直接拍摄任何自然景象,并将其以数字格式进行存储。数字照相机和摄像机都带有标准硬件接口,可通过数据线或 Wi-Fi 直接将拍摄的数字图像和影像信息传输至电脑。数字图像依靠网格型光电元件成像,因此所得图像画面仍是由间断点组成的,其光学性能不如传统照相机和摄像机,但由于其易保存、易传输、处理手段多样等特点,发展前景不可限量。

(二)用数字转换设备采集数字图像

模拟图像可通过数字转换设备转换为数字图像。模拟视频可以通过视频采集卡转换为数字影像数据。对于普通平面图像,如照片、幻灯片、艺术图画等,通常采用扫描仪按需求转换为不同质量的数字图像。

(三)用绘图软件创建数字图像

目前,Windows 环境下的大部分图像编辑软件,如画图等,都拥有一定的绘图功能,这些软件都有很好的图形用户接口,可以利用鼠标、数位板等外部设备绘制各种图形,并进行色彩、纹理、图案等的填充和加工处理。然而,在实际创作中,尽管这些软件和外部设备对于小型图形、图标、按钮等的直接创作十分方便,但仍不足以描述自然景物和人像。

可以通过鼠标及数位板快速完成简笔图的绘制和上色,然而绘制过程存在一定的局限性:画图等自带的基础图像编辑软件没有特色笔刷等工具,无法体现数位板笔触压力变化时的画笔浓淡效果;Photoshop 等图像编辑软件支持压感,拥有强大的后期处理能力,功能十分全面,但笔触设定和颜色调节效果稍显不足,更适用于图像的后期处理;SAI 绘画软件、ComicStudio 等软件的笔刷图案丰富逼真、笔触硬直,适用于漫画绘制;除此以外,还有 Painter 等专业型绘画软件,这些软件笔触自然、设定方便,与数位板和画笔搭配顺畅自然,但要求绘画者具有一定的美术知识及创意基础。

(四)数字图像库的利用

数字图像库是为满足高质量的数字图像使用需求,由从事美术设计、计算机图像处理的专业人员制作,以光盘的形式存储并正式出版发行,可供使用者购买后使用的特殊图像库。除了通过光盘等硬件形式传播,国内外各大高校及研究所的网站中也有免费或收费的专业图像库,如 Corel、美国麻省理工学院媒体实验室人脸库等,可供研究者下载后进行图像处理方面的研究。现有的数字图像库种类几乎应有尽有，按图案题材来分，山水风光、花鸟虫鱼、风土人情、几何花纹等包罗万象，丰富多样；按成像原理来分，雷达图像、红外图像、可见光图像、医学图像分门别类、应有尽有，足以满足设计者和使用者的需要。目前，存储在CD-ROM光盘和互联网中的数字图像库越来越多，这些图像的内容比较丰富，图像尺寸和图像深度可选的范围也较广。利用已有的图像资源可省去复杂烦琐的一次创作过程，然而图像的内容可能并不能满足客户的创意需求，因此可根据需要选择已有的数字图像，或者在原有图像的基础上进一步地编辑和处理。

四、数字图像处理技术

数字图像处理又称计算机图像处理，是利用计算机对图像信号进行数字化处理的过程，以提高图像的实用性，从而达到人们所要求的预期结果。

数字图像处理技术是计算机技术、信息论和信号处理相结合的综合性技术，是通过计算机对图像进行去除噪声以及增强、复原、分割、提取特征等处理的方法和技术。数字图像处理较为复杂，可分为低级处理（如降噪、对比度增强、图像锐化等）、中级处理（涉及分割、识别等）和高级处理（识别物体的总体理解、识别函数等）。下面介绍数字图像处理的一些常用技术。

（一）图像增强

图像增强的核心目标是利用一系列先进技术改善图像的视觉效果，将原本模糊的图像变得清晰，凸显出用户特别关注的特征，同时淡化或消除不重要的细节。这些手段不仅能够提升图像的整体质量，还能显著增加其信息含量，使得图像更加具有实用性和价值。图像增强技术可以将图像转换成一种更适合人或机器进行分析处理的形式，加强图像判读和识别效果。

图像增强的方法主要分为空间域法和频率域法两大类。其中，空间域法直接作用于图像的灰度级，进一步细化为点运算和邻域算法。点运算独立处理每个像素点，涉及灰度校正、灰度变换和直方图调整等。当图像亮度分布不均或受拍摄条件影响导致部分区域亮度异常时，可运用灰度校正以改善图像的亮度均匀性。邻域算法则考虑像素间的空间关系，通过处理像素邻域来优化图像质量，主要涵盖图像平滑算法和锐化算法。平滑算法用于减少图像噪声。锐化算法旨在突出图像边缘信息，便于目标识别。边缘是图像中灰度变化剧烈的区域，常对应于物体轮廓。常见的锐化方法包括梯度法、掩模匹配法和统计差值法等。

频率域法通过将图像视为一种二维信号，利用二维傅里叶变换这一工具对其进行深入的分析和处理。这种变换将图像从空间域转换到频率域，为我们提供了一种独特的观察图像的方式。在频率域中，我们可以清晰地看到图像中的各个频率成分。低频成分通常对应于图像中的平滑区域，而高频成分则更多地与图像的边缘和细节相关。这种划分使我们能够有针对性地进行图像处理。为了去除图像中的噪声，可以采用低通滤波器。噪声往往表现为高频信号，因此，利用低通滤波器可以有效地滤除这些高频成分，从而使图像变得更加清晰和平滑。在保留图像整体结构的同时，可以去除那些影响观感的噪声。利用高通滤波器，可以突出图像中的高频成分，从而使边缘和细节变得更加清晰和突出，这种方法在处理模糊或边缘不明显的图像时尤为有效。频率域法的核心在于其灵活性。通过对图像添加特定的信息或进行变换，我们可以选择性地突出我们感兴趣的特征，同时抑制或掩盖那些不需要的特征。这种方法的另外一个优势在于其高效性。在变换域内对图像进行处理，可以实现间接的图像增强。

（二）图像变换

图像变换是一种二维线性可逆操作，通过正交函数或正交矩阵对原始图像进行表示。在图像变换中，原始图像被称为空间域图像，它表示的是像素在空间中的分布。经过变换后的图像则被称为转换域图像，它揭示了图像在另一种空间中的特性。这种转换域图像可以进一步通过反变换恢复到原始的空间域图像，体现了图像变换的可逆性。在图像处理中所使用的变换大多是满足正交条件的变换。这些性质使得正交变换在图像压缩、增强、去噪和特征提取等方面具有广泛的应用。实现图像变换的主要方法有3种。

1. 傅里叶变换

傅里叶变换是一种极为关键且广泛应用的变换方法，其基于复指数函数，通过一系列的运算，将原始信号从时间域或空间域转换到频率域，从而揭示出信号的频谱特性。在图像处理领域，通过傅里叶变换可以将一幅图像从空间域转换到频率域，得到其二维频谱图。这个频谱图不仅展示了图像中各个频率分量的强度，还反映了图像的空间结构信息。其中，"直流"分量，即频谱图的中心部分，与原图像的平均亮度直接相关，它代表了图像的整体亮度水平。高频部分则细致描述了图像边缘的变化程度和方向，这些细节信息对于图像处理和识别等任务至关重要。为了优化计算效率，现代计算机体系普遍采用傅里叶变换算法进行计算。

2. 沃尔什-哈达玛变换

沃尔什-哈达玛（Walsh-Hadmard）变换是一种计算效率极高的变换方法，

其转换的核心在于一系列有序排列的 +1 或 –1 数值。与传统的傅里叶变换相比,沃尔什 – 哈达玛转换避免了烦琐的复数乘法运算,仅需要使用基本的加法或减法运算,从而在计算效率上取得了巨大的优势。沃尔什 – 哈达玛转换还降低了存储需求。它仅使用 +1 或 –1 的数值来表示频率分量,因此不需要像傅里叶变换那样存储大量的复数数据,从而节省了大量的存储空间。沃尔什 – 哈达玛转换的快速算法进一步强化了其运算效能。

3. 离散卡夫纳 – 勒维变换

这种方法基于图像的统计特性,其核心在于将样本图像的协方差矩阵的特征向量作为变换核,又被称为霍特林变换或本征向量变换。这种变换之所以在图像处理中表现出优秀的性能,是因为其在均方误差意义下的最优性,这意味着,当图像经过这种变换后,与原图像相比,其失真程度最小,在保证图像质量的前提下,可以实现更高的压缩比。在实际应用中,我们往往只能根据有限的样本图像来估计协方差矩阵,这可能导致估计结果存在偏差,从而影响这种变换的性能。此外,这种变换的计算过程相对复杂,涉及特征向量的求解和矩阵运算等。这使得在实际应用中,其运算速度可能受到一定限制。尽管有研究者致力于开发快速算法,但目前尚未有统一的解决方案。

(三)图像压缩与编码

一张 600 兆的光盘,能存储 20 秒左右图像帧分辨率为 640×480 的彩色视频。不经过编码压缩,保存多媒体信息有多么困难是可想而知的。图像压缩是数据压缩技术在数字图像上的应用,主要研究数据的表示、传输、变换和编码方法,目的是减少存储数据所需的空间和传输所用的时间。编码是实现图像压缩的重要手段。压缩比很大程度上取决于对图像质量的要求。广播电视压缩比为 3 ∶ 1,可视电话压缩比可达 1 500 ∶ 1。

图像编码技术大致经历了如下发展。

第一代编码法是以去除冗余为基础的编码方法,如脉冲编码调制、差分脉冲编码调制、DCT、离散傅里叶变换、沃尔什 – 哈达玛变换编码以及以此为基础的混合编码法。

第二代编码法多为 20 世纪 80 年代以后提出的,如 Fractal 编码法、金字塔编码法、小波变换编码法、模型基编码法、基于神经网络的编码法等。这些编码方法有如下特点:充分考虑人的视觉特性,恰当地考虑对图像信号的分解与表述,采用图像的合成与识别方案压缩数据。

根据解压后数据能否完全复原，图像压缩可以分为有损压缩和无损压缩。对于绘制的技术图、图表或者漫画优先使用无损压缩，对于医疗图像或者用于存档的扫描图像等也尽量选择无损压缩方法。常用的无损压缩方法有游程编码法、熵编码法等。常见的无损压缩图像文件格式有图形交换格式（GIF）和TIFF。有损压缩方法非常适合于自然的图像，如JPEG图像文件采用的就是有损压缩方法，通过DCT后选择性地去掉人眼不敏感的信号分量，实现高压缩比率。

（四）图像复原与重建

1. 图像复原

图像复原就是尽可能地恢复图像的本来面目，它沿着图像退化的逆过程进行处理。典型的图像复原是根据图像退化的先验知识建立一个退化模型，以此模型为基础，采用各种逆退化处理方法进行恢复，使图像质量得到改善。具体的图像复原过程为：找出退化原因—建立退化模型—反向推演—恢复图像。

2. 图像重建

图像重建是通过物体外部测量的数据，经数字处理获得三维物体形状信息的技术。图像重建技术最早应用在放射医疗设备中，显示人体各部分的图像，即计算机断层扫描（computer tomography，CT）技术，后来逐渐在许多领域获得应用。图像重建技术在通信领域也得到重要的应用。例如，利用图像重建技术获得非常直观的无线电场强的三维空间分布图像；通过极高压缩比的人脸图像传输，用图像重建技术可在接收端恢复原始人脸图像。目前应用较多的图像重建技术主要有投影重建、明暗恢复形状、立体视觉重建和激光测距重建。

（1）投影重建

投影重建利用X射线、超声波透过被遮挡物体（如人体内脏、地下矿体）的透视投影图恢复物体的断层图，利用断层图或直接利用物体的二维透视投影图重建物体的形状。这种重建技术利用某种射线在穿过组织时的吸收不同，引起在成像面上投射强度的不同，反演求得组织内部分布的图像。X射线、CT技术就是应用了投影重建技术，为医学诊断提供了有效手段。投影重建技术还用于地矿探测中。在探测井中，用超声波源发射超声波，用相关的仪器接收不同地层和矿体反射的超声波。按照超声波在媒质的透射率和反射规律，用有关技术对得到的透射投影图进行分析计算，即可恢复重建埋在地下的矿体形状。

（2）明暗恢复形状

单张照片不含图像中的深度信息，利用物体表面对光照的反射模型可以对图像灰度数据进行分析计算,从而恢复物体的形状。物体的成像由光源的分布、物体表面的形状、反射特性,以及观察者(照相机、摄像机)相对于物体的几何位置等因素确定。采用计算机图形学方法可以生成不同观察角度的图像,它在计算机辅助设计中得到应用,可以演示从不同角度观察到的设计物体的外观,如房屋建筑、机械零件、服装造型等。反之,这种重建技术可以通过图像中各个像素的明暗程度,并且根据经验假设光源的分布、物体表面的反射性质以及摄像时的几何位置,计算物体的三维形状。这种重建技术计算复杂,计算量也相当大,目前主要用于遥感图像的地形重建中。

(3)立体视觉重建

立体视觉重建用两个照相机(或摄像机)在左右两边对同一景物拍摄两幅照片(或摄像图像),利用双目成像的立体视觉模型恢复物体的形状,提取物体的三维信息,也称三维图像重建。这种方法是对人类视觉的模仿。先从两幅图像提取出物体的边缘线条、角点等特征。物体的同一边缘和角点由于立体视差在两幅图中的位置略有不同,经匹配处理找出两幅图像中的对应线和对应点,并经几何坐标换算得到物体的形状。该重建技术主要应用于工业自动化和机器人领域,也用于地图测绘。

(4)激光测距重建

激光测距重建应用激光扫描技术对物体测距,获得物体的三维数据,经过坐标换算,恢复物体的三维形状数据。激光测距的特点是准确。有两种方法可以实现重建:一种方法是固定激光源,让物体转动并做升降,获得物体在各个剖面的三维数据,重建物体在各个方向上的图像;另一种方法是激光源在一个锥形区域进行前视扫描,获得前方物体的三维数据。这种重建技术在行走机器人中得到应用,可以发现前方障碍物,计算出障碍物的区域范围,从而绕道行走。

(五)图像特征提取

图像特征提取是图像识别流程中不可或缺且至关重要的环节。在整个图像识别过程中,特征提取扮演着核心的角色,这一步骤就是从海量的图像特征中精准地挑选出那些最具代表性和最有效的特征。这一过程类似于人类在处理视觉信息时,大脑会自动过滤并聚焦于关键和核心的信息,忽略那些无关紧要的细节。在计算机视觉领域,特征提取对于图像识别的准确性和效率具有决定性的影响。图像特征大致可以分为颜色特征、纹理特征和形状特征等。

1. 颜色特征提取

在图像处理和计算机视觉领域中，颜色特征被广泛用于图像分类、目标识别、场景理解等任务中。颜色特征反映了图像或图像区域内景物表面的固有属性，是图像全局性质的一种显著表现。了解颜色特征的性质和应用，对于深入理解图像处理技术和提高图像识别精度具有重要意义。颜色特征的计算通常基于像素点进行。颜色特征能够反映图像的整体色调、颜色比例、颜色分布等信息，对于图像分类和目标识别等任务具有重要的参考价值。颜色特征在捕捉图像中物体的局部细节特征方面存在一定的局限性。由于颜色对图像或图像区域的方向、大小等变换敏感度较低，仅仅依靠颜色特征往往无法精确地描述图像中物体的局部细节特征。

颜色直方图是在图像处理领域广泛使用的一种颜色特征提取与匹配方法。它通过对图像中各类色彩的比例进行统计，以简洁而直观的方式描绘出图像颜色的全局分布情况。这种特性使得颜色直方图在处理一些难以自动分割的图像或是无须过多考虑物体空间位置的图像时，展现出独特的优势。颜色直方图能够以一种量化的方式描述图像中的颜色分布，然而，颜色直方图也存在一些局限性。它只能提供关于图像中颜色全局分布的信息，无法提供关于颜色局部分布的信息，也无法精确描述每种色彩所处的空间位置。因此，这种方法对于那些需要详细分析特定对象或物体的图像来说可能并不适用。

2. 纹理特征提取

纹理特征作为图像全局性质的一种体现，反映了关于图像或图像区域所对应景物表面属性的详细信息。与颜色特征不同，纹理特征不是以单一像素为基础的，而是通过对包含多个像素的区域进行统计得出的。这种区域性特征在模式识别任务中展现出显著的优势。由于考虑了像素之间的空间关系，纹理特征能够有效应对局部变化，从而在图像匹配、目标检测和场景识别等领域具有广泛的应用。作为一种统计性特征，纹理特征通常具有旋转不变性，这意味着无论物体如何旋转，其纹理特征都能保持一致。此外，纹理特征也能抵抗一定的噪声干扰。然而，纹理特征在运用时也存在一定的局限性。因为纹理特征的计算依赖于像素之间的空间关系，当分辨率改变时，像素之间的相对位置也会发生变化，从而导致纹理特征的失真。另外，由于有可能受到光照、反射情况的影响，从二维图像中反映出来的纹理不一定是三维物体表面真实的纹理。

常用的纹理特征提取与匹配方法有统计方法（如灰度共生矩阵）、几何法（如棋盘格特征法和结构法）、模型法（如马尔可夫随机场模型法和吉布斯随机场模型法）、信号处理法（如自回归纹理模型、小波变换等）。

3. 形状特征提取

在图像中，形状是一种重要的视觉特征，能够传达丰富的信息。基于形状特征的检索方法正是通过提取和分析图像中的形状信息，来实现对图像内容的描述和识别的。这些方法主要分为轮廓特征和区域特征两大类。基于形状特征的检索方法在实际应用中具有显著的优势。首先，形状特征具有较高的稳定性，能够在不同的光照、视角和尺度条件下有相对稳定的表现。其次，形状特征对于物体的变形和遮挡具有一定的容忍度，能够在一定程度上应对复杂多变的图像环境。最后，基于形状特征的检索方法通常具有较高的计算效率和准确性，能够满足大规模图像数据库的快速检索需求。典型的形状特征描述方法有边界特征法、傅里叶形状描述符法、几何参数法。

（1）边界特征法

这种方法包括霍夫变换检测平行直线和边界方向直方图等，主要依赖于对边界特征的精准描述来提取图像的形状参数。

（2）傅里叶形状描述符法

傅里叶形状描述符法是一种利用物体边界傅里叶变换进行形状描述的方法，通过将二维形状问题转化为一维问题，简化形状分析的复杂性。该方法利用区域边界的封闭性和周期性，通过傅里叶变换提取出形状的关键特征，实现对形状的有效描述和识别。

（3）几何参数法

在图像处理和计算机视觉领域中，区域特征描述方法能够有效实现形状的表达与匹配。几何参数法是一种常用的、简化的区域特征描述方法。它通过量化几何形状特征，如面积和周长等，对目标形状进行准确描述。在实际应用中，我们可以结合圆度、偏心率、主轴方向和代数不变矩等几何参数，对目标形状进行全面、准确的描述和匹配。这种方法的优势在于简洁、高效和实用，能够满足大规模图像检索的需求。

（六）图像分割

图像分割技术作为图像处理领域的核心组成部分，自诞生以来始终在学术界和工业界吸引着人们的目光。随着科技的不断进步，图像分割技术也在持续发展和完善，不断推动着图像处理领域的边界向前延伸。

提取图像空间关系特征的方法多种多样，每种方法都有其独特的优势和适用的场景。一种常见的方法是对图像进行自动分割。这种方法是将图像划分为多个不同的对象或颜色区域，以便更准确地提取特征。这些特征可以为每个区域建立一个独特的索引，使得人们在后续的检索和分析中能够快速找到具有相似特征的区域。另一种方法是将图像划分为一系列固定大小的子块，对每个子块进行特征提取，并为这些子块建立索引。

图像分割就是把图像分成区域的过程。这是从处理到分析的转变关键，也是图像自动分析的第一步。人类视觉系统能将所观察的复杂景物中的对象分开，并识别出每个物体，但对于计算机来说很困难。目前，大部分图像的自动分割还需要人工提供必需的信息来帮助计算机识别，只有一部分领域在使用，如印刷字符自动识别、指纹识别等。

图像中通常包含多个对象，图像处理为达到识别和理解的目的，几乎都按照一定的规则将图像分割成不同的区域，每个区域代表被成像的一个部分。图像自动分割是图像处理中较困难的问题之一。

图像分割是一种在图像处理领域广泛应用的技术，它根据图像的灰度、颜色、纹理和形状等特征，将图像划分为多个互不相交的区域。这些区域内部的像素具有相似的特征，而区域之间的特征差异则十分明显。接下来详细介绍几种常用的图像分割方法。

1. 基于阈值的分割方法

基于阈值的分割方法利用图像的灰度特性，通过对比图像中像素的灰度值与设定的灰度阈值，将图像像素划分为不同的类别，从而实现图像的有效分割。如何确定最佳的灰度阈值是一个关键问题，这需要根据某种准则函数来进行计算。计算不同阈值下的分割效果，可以选择出最佳的灰度阈值，以达到更好的分割效果。

2. 基于边缘的分割方法

边缘作为图像中两个不同区域的分界，是由连续像素点集合而成的，这些像素点反映了灰度、颜色、纹理等图像属性上发生的突变。边缘的存在，不仅反映了图像局部特征的非连续性，还提供了一种识别和分割图像中不同对象或区域的有效手段。基于边缘的分割方法主要依赖于对边缘处灰度值变化的检测。这种方法通过观察边缘灰度值的阶跃型或屋顶型变化来实现图像的分割。

3. 基于区域的分割方法

经过相似性准则的考量，我们能够将图像精准地分割成不同的区域。基于区域的分割方法包括种子区域生长法、区域分裂合并法以及分水岭法等。

种子区域生长法是在图像处理领域广泛应用的一种算法，它起始于一组精心挑选的种子像素，这些种子像素将作为不同生长区域的基准点。在算法推进过程中，算法会仔细审查每个种子像素的邻近区域，并将那些满足特定条件的像素点纳入相应的生长区域。这一步骤完成后，新纳入的像素点将扮演新的种子像素角色，继续参与生长过程。在此过程中，选择合适的初始种子像素至关重要，因为它们将决定生长区域的起始位置。同时，制定准确的生长准则也必不可少，以确保像素点能够按照预定的规则进行合并。

区域分裂合并法是一种以分区为基础的图像分割方法。该方法先将图像划分为多个互不重叠的区域，随后根据预设的准则对这些区域进行分裂或合并操作，直至达到预期的分割效果。该方法不仅适用于灰度图像的分割处理，还可以应用于纹理图像的分割任务中。

分水岭法是一种基于拓扑理论的数学形态学分割技术，其将图像视作拓扑地貌，赋予图像处理的全新维度。在拓扑地貌中，即使是微小的地形变化，也可能导致分水岭的显著移动。这种敏感性使得分水岭法能够捕捉到图像中微弱的边缘信息，从而实现对于图像细节的精确把握。然而，分水岭法在面对图像中的噪声时可能会受到干扰。噪声的存在可能会导致地形、地貌的复杂性增加，从而使得分水岭的确定变得困难。在这种情况下，分水岭法可能会出现过度分割的问题。

第三章　数字媒体制作技术

数字媒体制作技术是数字媒体技术中的关键环节，起着承上启下的作用。本章为数字媒体制作技术，依次介绍了数字媒体人机交互技术、数字媒体界面设计技术、数字媒体虚拟现实技术、数字媒体水印制作技术等方面的内容。

第一节　数字媒体人机交互技术

在信息技术迅猛发展的时代背景下，人类的生产和生活方式发生了翻天覆地的变化。人机交互技术作为信息技术的核心组成部分，受到广泛关注，成为21世纪信息技术领域的重要议题。

一、人机交互的基础理论

（一）人机交互概念界定

人机交互是一门专注于设计、评估和实现交互式计算机系统的科学，这些系统以提供用户友好的界面和体验为目标。在狭义上，人机交互主要研究人与计算机之间的信息交换，涵盖人向计算机输入指令、计算机向人传递信息以及双方之间的实时互动等多个方面。

（二）人机交互的研究内容

人机交互作为一门跨学科的技术，其研究范围广泛而深入，不仅涉及建模、设计、评估等，还涉及 Web 界面设计、移动界面设计等多个领域。它的核心内容包括以下几个方面。

1.人机交互界面表示模型与设计方法

软件开发的成功与否，在很大程度上取决于交互界面的质量高低。一个优质的交互界面是提升用户体验、增强软件吸引力的关键。开发这样的界面离不开科学有效的交互模型与设计方法。因此，深入研究人机交互界面的表示模型与设计策略，对于推动人机交互领域的发展具有重要意义。

2. 可用性分析与评估

在人机交互领域，可用性是一个至关重要的考量因素，它直接关系到用户与系统的交互体验和任务完成的效率。为了确保用户能够顺畅地与系统进行交流并完成预定任务，对人机交互系统的可用性进行深入的分析与评估显得尤为重要。这是提升用户满意度和系统效能的关键所在。

3. 多通道交互技术

在多通道交互环境中，用户与计算机系统之间可以通过多种方式进行交流，这种交互方式不仅提高了用户体验，还极大地增加了人机交互的可能性。多通道交互研究涉及多个方面，其中最为核心的是多通道交互界面的表示模型、评估方法以及多通道信息的整合。多通道信息的整合是多通道交互界面研究中最为复杂和关键的部分。

4. 群件

群件是指帮助群组协同工作的计算机支持的协作环境，它为团队提供了一个统一的平台，促进信息共享、交流、业务流程的自动化和协调，以及人与流程之间的交互，可有效地推动团队内部成员之间的合作。群件系统关注的是信息流通和共享。在一个典型的群件系统中，团队成员可以轻松地发布、查看和更新项目信息。此外，群件系统还支持多种形式的交流，使得团队成员能够随时随地进行沟通，打破了时间和地域的限制。群件系统还关注业务流程的自动化和协调，通过预定义的工作流程，系统可以自动分配任务、监控进度并提醒相关人员。在人机交互技术的推动下，群件系统的研究和发展也在不断深入。

（三）人机交互的发展历史

人机交互技术的演变历程与计算机科技的不断进步密切相关。这一发展历程不仅是人类逐步适应和掌握计算机技术的过程，也是计算机技术不断适应人类需求、提升用户体验的重要体现。人机交互技术的发展经历了多个阶段。

1. 语言命令交互阶段

20 世纪 60 年代中期，人机交流领域迎来了重大突破，命令行界面形式的诞生使得人们能够通过对话、文本菜单选择或直接的命令语言与计算机进行交互。作为首个人机界面，命令行界面为计算机操作带来了全新的视角。然而，在这种交互方式中,用户与计算机之间的关系是操作者和被动接受者,二者之间的交互缺乏自然性。

2. 图形用户界面交互阶段

计算机技术的飞速发展为人机交互的发展带来了巨大的机遇。图形用户界面的设计,以其直观性、便捷性极大地改变了人机交互的传统模式。这些特点的共同作用,使得计算机的操作更加直观易懂,极大地降低了学习门槛,即便是没有计算机基础的普通用户也能够轻松上手,从而极大地拓宽了计算机技术的受众范围,推动了其在社会各个领域的广泛应用与普及。

3. 自然和谐的人机交互阶段

随着科技的迅猛发展,虚拟现实、移动计算和普适计算等尖端技术正以前所未有的速度不断更新与发展,为人机交互领域带来了前所未有的挑战与机遇。传统的人机交互方式,如键盘、鼠标等,虽然在一定程度上满足了用户的需求,但在某些情境下仍显得不够直观、自然。随着技术的发展,基于语音、手写体、姿势、视线跟踪、表情等多元化输入手段的多通道交互方式应运而生。这种交互方式的出现,使得用户能够通过更加自然、直观的方式与机器进行交互,极大地提升了操作效率和用户体验。

(四)人机交互技术的理论基础

认知心理学和人机工程学是人机交互技术的理论基础。

1. 认知心理学

认知心理学产生于 20 世纪 50 年代中期,并逐渐兴起成为西方心理学界的重要分支。经过 20 多年的发展,到 20 世纪 70 年代,认知心理学已经确立了在心理学研究中的核心地位。这一学科深入探索了人类如何处理外部世界的信息,以及这些信息如何在大脑中表示和转化。同时,认知心理学也研究了知识的存储方式以及这些知识如何指导人们的行为。作为一个综合性学科,认知心理学涉及人类心理活动的各个方面,这一过程始于感知,即人类通过感觉器官接收外部信息,经过识别、注意、学习和记忆等过程,最终形成概念、思维和表象。在信息加工心理学的框架下,现代认知心理学得到了快速发展。这一框架将人类的认知过程与计算机的信息处理过程进行类比,认为人类也能够接收并处理信息,再进行编码、决策、存储,并最终以某种形式输出。值得注意的是,这种类比主要关注逻辑层面的相似性,而非硬件或生物结构上的直接对比。也就是说,我们不能简单地将人类的大脑等同于计算机的硬件,因为人类的认知过程涉及许多复杂的心理和社会因素，这些因素在计算机中是无法完全模拟的。

了解并遵循认知心理学的原理是人机交互界面设计的基础。为了设计出用户满意的人机交互界面，必须对人的认知心理有所了解。既要了解人的感觉器官（视觉、听觉、触觉）的功能机理，也要了解人理解、处理信息的过程，学习、记忆的特点，以及分析、推理机制等，由此尽量使设计出的人机交互界面适应人的自然特性，以满足用户的要求。

2.人机工程学

人机工程学是一门专门研究人与机器之间交互作用的学科，它涉及多个领域的知识。与认知心理学不同，人机工程学更多地从人本身和系统的角度深入研究人机之间的相互作用，旨在提高人机交互的效率和舒适性。人机工程学作为人机界面学的重要研究领域，对人机界面学的发展起到了关键的推动作用。

人机工程学是一门将"人体科学"与"工程技术"有机结合的交叉学科，汇集了多元知识，具有独特而综合的学科体系。这一学科不仅深入探索人体与机器之间的相互作用，也与国民经济的多个部门紧密相关，共同推动着现代化建设的蓬勃发展。

人机工程学是一门专注于"人—机—环境"系统中各要素间相互关系的科学。它以严谨的态度和理性的方法，深入探索人类、机器和环境在这一系统中的互动与影响。人机工程学的核心目标是提升人在系统中的效能，同时关注人的健康问题，并为此提供坚实的理论基础和实用的方法指导。

人机工程学的研究内容涵盖众多领域，从机器设计到人机系统的工作环境，再到信息传递和控制器、显示器的设计。通过深入探索这些问题，人机工程学致力于优化人机协作与互动，以提升工作效率、缓解人体疲劳并降低劳动强度。在机器设计方面，人机工程学注重研究如何使机器更加契合人类的操作习惯；在操作界面和控制方式上，人机工程学则关注如何提供直观、易用的操作界面和符合人体工程学的控制方式，以降低学习成本和提高工作效率。除了机器设计，人机工程学还关注人机系统的工作环境。工作环境直接影响人们的工作效率和身心健康。同时，人机工程学还关注工作空间的布局和照明设计，以确保人们能够在舒适的环境中工作。此外，人机交互界面、信息传递以及控制器和显示器的设计也是人机工程学的重要研究内容。

二、人机交互技术设备

（一）输入设备

输入设备主要包括键盘和手写输入设备等文本输入设备，二维扫描仪、摄像头等图像输入设备，三维扫描仪、动作捕捉设备等三维信息输入设备，以及鼠标、触摸板等指点输入设备。

1. 文本输入设备

在文本输入的各种方式中，键盘输入无疑占据主导地位。但随着科技的不断发展，作为键盘输入的补充，手写输入等更自然的交互方式正在崭露头角，可为用户提供更加流畅、便捷的操作体验。

2. 图像输入设备

二维扫描仪是计算机的重要组成部分，为图文输入提供了高效、准确的解决方案。通过快速捕获图像，并运用先进的分析与识别技术，二维扫描仪能够精准地提取出图像中的文字、图形等关键信息。摄像头在捕捉动态场景方面发挥着不可或缺的作用，广泛应用在视频聊天、实时监控等方面。

3. 三维信息输入设备

随着科技的飞速发展，三维技术在各个领域扮演着越来越重要的角色。为了满足快速获取物体立体彩色信息的需求，三维扫描仪应运而生，成为一种极为有效的工具。通过扫描物体表面，三维扫描仪可以获取物体的三维点云数据，进而生成三维数字模型。此外，随着影视、动漫等娱乐产业的蓬勃发展，动作捕捉设备也成为不可或缺的工具。动作捕捉设备可以捕捉用户的肢体动作乃至表情，然后生成运动模型。这些模型可以被用于动画制作、虚拟现实、游戏开发等领域，能为用户带来更加逼真的视觉体验。

4. 指点输入设备

鼠标使得计算机的输入操作变得简单、容易。触摸板是目前使用得很广泛的笔记本电脑鼠标，操作起来非常方便。

（二）输出设备

1. 显示器

显示器作为计算机与用户之间沟通的桥梁，发挥着至关重要的作用。它是计算机输出的主要设备，负责将计算机内部的信息以直观、易理解的方式呈现给用户。显示器接收来自主机的数据信号，经过内部处理，将这些信息以图像的形式展示给用户，使用户能够轻松读取和解读。

2. 打印机

打印机作为现代办公环境中不可或缺的输出设备，发挥着至关重要的作用。它的内部构造复杂而精细，主要由机械装置和控制电路两部分组成。这两部分协同工作，确保打印机能够准确无误地完成打印任务。在现今的市场上，针式、喷墨和激光打印机是3种主流的打印机类型。评价一台打印机的性能，关键要看打印分辨率、速度、幅面尺寸以及最大打印能力等参数。

3. 语音交互设备

语音交互主要利用耳机、麦克风和声卡等设备进行语音输入，作为一种直观、自然的沟通方式，其逐渐在日常生活和工作中占据重要地位。随着技术的不断进步，语音交互设备已经成为人们不可或缺的工具，其不仅提高了沟通效率，还为用户带来了更加便捷的操作体验。在当今时代，人们不再需要花费大量时间打字输入，只需通过简单的语音指令，就能实现与计算机、手机等设备的交互，这无疑为人们节省了大量的时间和精力。

（三）虚拟现实交互设备

虚拟现实技术是近年来科技领域的一大热点，对计算机性能具有较高的要求。为了满足用户对于沉浸式体验的需求，计算机需要实时渲染和呈现三维立体场景。为了实现这一目标，虚拟现实系统不仅需要常规的计算机控制和显示设备，还需配备专业的设备和交互手段。这些设备在虚拟环境中的可视化、导航以及物体交互等核心功能中起着至关重要的作用，特别是三维空间定位设备和三维显示设备为虚拟现实体验提供了不可或缺的基础支持。

1. 三维空间定位设备

三维空间定位设备在现代科技领域中扮演着至关重要的角色，它们赋予了用户与虚拟世界进行交互的能力，使得人们能够更加直观地体验和操作三维空间。这些设备最基本的特点是具有6个自由度，这意味着它们可以在三维空间中实现全方位的运动和定位。

2. 三维显示设备

三维显示设备也称为沉浸感显示设备，主要包括头盔式显示器、裸眼立体显示器、真三维显示器等。

三、人机交互输入模式

人机交互指的是用户与计算机系统之间的信息交流过程，这一过程不仅涉及信息的发送与接收，还涵盖了用户如何理解和响应计算机系统所呈现的信息。人机交互的方式多种多样，既有传统的敲击键盘、操作鼠标等输入方式，也有观看显示屏上的各种符号和图形等输出方式。随着技术的不断发展，人机交互的形式也在不断创新和演变。

在数字化时代，人机交互已成为人们日常生活和工作中不可或缺的一部分。为了确保应用程序与用户之间能够流畅、高效地交互，必须精准且高效地将输入设备产生的信息与应用程序结合。这不仅涉及输入设备的管理与控制，还涉及多种输入设备的协同配合。考虑到输入设备的多样性和灵活性，一个应用程序可能需要处理来自多种设备的输入操作，而同一设备也可能为多个任务提供支持。因此，如何合理地管理这些输入过程，成为提高用户体验和应用程序性能的关键。

在请求模式下，应用程序会精心配置并启动输入设备，建立起与硬件设备之间的紧密联系。这种模式的核心在于，当程序需要输入数据时，它会主动暂停自身的执行流程，等待输入设备提供所需的数据。输入设备接收到用户输入的数据后，会迅速将这些数据传输给应用程序。在接收到数据后，应用程序会立即恢复执行流程，继续执行后续的任务。这种协同工作的方式使得应用程序与输入设备之间形成了一种默契的合作关系，共同完成了数据的输入和处理工作。

在采样模式下，输入设备和应用程序的运作是互相独立的，彼此之间互不干扰。输入设备会持续捕捉并输入信息，这些信息在生成后并不会立即对应用程序产生影响，而是被暂时储存在输入设备中。同时，应用程序在处理其他数据的过程中，新的输入数据会不断替换旧的数据，从而形成一个连续的信息流。这种连续性是采样模式的重要特点，使得输入设备能够顺畅地接收和处理连续的信息输入。当应用程序需要读取输入数据时，它会发出取样指令，通知输入设备读取并发送存储的数据。应用程序随后会读取这些数据，并根据这些数据执行相应的操作。然而，如果应用程序处理时间过长，可能会导致部分输入信息丢失。

在事件模式下，输入设备与应用程序之间同步运作，为用户提供流畅且高效的操作体验。在事件模式下，输入设备负责收集用户的操作数据，并将其存储在一个特定的事件队列中，这种机制的设计初衷是确保所有输入数据都能得到完整保留，避免在数据传输过程中出现数据丢失的情况。每一个用户对输入设备进行的单次操作，以及由此产生的数据，都被视为一个独立的事件。当设备被设定为事件模式时，应用程序与设备将开始并行运作，各自独立处理任务。设备负责实时收集用户的操作数据，并将其转化为事件，然后按照发生的时间顺序依次排列在事件队列中。应用程序则可以随时检查这个事件队列，对队列中的事件进行处理或移除。

四、基本的人机交互技术

基本的人机交互技术作为构建应用系统用户界面的基础，包含定位、笔画、定值、选择以及字符串处理等要素。

定位技术在确定平面上或空间中某一点坐标的过程中发挥着至关重要的作用，是人们与数字世界进行直观、高效交互的一种重要手段。定位技术的实现方式灵活多样，主要包括直接定位和间接定位两类。直接定位依赖于专门的定位设备，对特定对象进行精确的位置标定。由于直接定位的高精度特性，其在众多软件系统中得到了广泛应用。间接定位则更加灵活，其通过操作定位设备来移动屏幕上的映射光标，进而实现位置标定。间接定位的定位精度相对较低，允许指定点位于一定的坐标范围内。在实际应用中，间接定位常常与鼠标等指点输入设备以及屏幕上的光标相结合，以实现更加灵活的交互操作。

笔画输入是一种广泛应用于各种数字设备和应用场景中的坐标点捕捉和处理技术，它允许用户通过一系列有序的坐标点输入，实现精准而高效的交互操作。它的工作机制类似于定位输入的连续调用，用户输入的坐标点序列不仅可用于绘制折线或定义曲线的控制点，也在许多领域展现出巨大的应用潜力。为实现笔画输入功能，现代科技为人们提供了多种便捷的输入工具，这些设备在用户的操控下能够连续移动，产生的动作信号经过处理后即可转换成坐标数据。当前，随着笔画输入技术的不断发展，其在各个领域都得到了广泛应用。

定值输入也被称为数值输入，是一种广泛应用于各种软件和应用程序中的用户交互方式。它的核心功能在于允许用户精确地设定一些关键参数，如物体的旋转角度、缩放比例等。为了实现这一功能，用户需要在指定的数字范围内输入一个特定的值，以确保操作的准确性和可靠性。随着科技的进步和用户体验的不断优化，定值输入的方式也在不断创新和升级。除了传统的键盘输入方式，用户还可以在屏幕上绘制刻度尺或比例尺，通过这种方式，用户可以直接在屏幕上看到所需数值的直观表示，然后通过在尺子上移动光标来选择所需的数值。这种方式不仅操作简便，而且能够提供一种直观的视觉反馈，使用户能够更轻松地掌握输入的值。

选择是用户与各种设备和软件界面进行交互的重要环节。选择不仅仅用于触发特定的命令，还用于确定操作的具体对象或调整对象的属性。简单来说，选择就是在给定的一组选项中，通过视觉辨识、手指指向或物理接触等方式，确定一个元素作为后续操作的目标。在软件界面中，选择的功能尤为突出。在一个文字处理软件中，用户可能需要从下拉菜单中选择不同的字体、字号或颜色来格式化文本。在这个过程中，下拉菜单中的每一个选项都代表了一种可能性，而用户的任务就是通过选择来确定哪一种可能性最符合当前的需求。同样，在一个设置对话框中，用户可能需要调整各种参数以达到理想的软件运行状态，而这一切都是通过选择来实现的。选择功能有如下实现方式：功能键（Tab 等）、组合键（Ctrl+A 等）和鼠标等。

五、人机交互关键技术

（一）图形交互技术

在图形软件系统的交互应用中，用户体验的高效性至关重要。为了实现这一目标，除了基础的定位和定值交互技术以及常见的图标和按钮元素，提供一系列实用的辅助交互工具是不可或缺的。这些辅助工具的设计旨在帮助用户更轻松地完成定位、选择及操作的任务，从而提升用户满意度。

几何约束允许用户以更高的精度和准确性控制图形的方向、位置以及其他关键属性。定位约束通过引入屏幕上的网格系统，强制用户将图形元素放置在网格的特定交点上。这种机制确保了图形的精确对齐和定位。方向约束则为图形绘制提供了规范性指导，确保了图形的方向性和一致性。以绘制直线为例，当用户在界面上选择绘制直线工具时，系统会根据起点和终点的坐标计算直线与水平线的夹角，根据夹角大小决定绘制直线的方向。

引力场作为一种精确定位的约束机制在绘图领域发挥着不可或缺的作用，其设想特定图素（如直线段、曲线或形状）周围存在一个引力场区域，使得光标能够自动锁定到图素上最近的点。这一过程类似于物理学中质点受到引力场的作用过程。为了确保引力场的有效性和准确性，其大小的设定至关重要。引力场设置得过小，可能会导致光标难以准确触及引力区域，从而增加用户调整光标的频率，降低绘图效率。相反，引力场设置得过大，可能会导致不同线段或形状之间的引力区域相互重叠。在这种情况下，当光标进入这些重叠区域时，用户可能会意外地被吸引到非预期的线段或形状上，这不仅增加了误操作的风险，还可能对整体的绘图效果产生不良影响。

在人机交互中，对象移动操作是一项基础且重要的功能。传统的对象移动操作通常依赖于用户通过光标点击来选定对象的新位置，然而，这种操作方式在某些情况下可能显得不够直观和准确。如果用户在移动对象时能够实时看到对象随着光标的移动而移动，那么操作的直观性和准确性将会显著提升。实时操作系统能够实时检测光标的移动轨迹，并根据用户的操作意图来更新对象的位置，从而提高了操作的直观性和准确性，简化了用户的定位过程，提高了操作效率。用户不再需要反复点击和拖动来精确调整对象的位置，而是可以通过连续的拖动操作来快速完成对象的移动。然而，在处理大型或复杂的图形或图像时，操作反应速度可能会有所下降。

操作柄技术是一项强大且实用的功能，它赋予了用户对图形对象进行几何变换的能力，包括缩放、旋转和错切等。这一技术的引入，不仅简化了图形编辑的复杂性，也提升了图形操作的精确性和灵活性。当用户确定需要对某个图形对象进行变换时，这些对象周围会自动显示出操作柄。这些操作柄就像图形对象的"把手"，用户可以简单地移动或旋转它们来执行所需的变换。

（二）语音交互技术

语音交互技术融合了先进的语音合成和语音识别技术，使用户能够以更自然、更直观的方式与计算机进行信息交互。在语音交互技术中，语音识别技术扮演着至关重要的角色，这项技术的关键在于让计算机准确地解析和领会语音信号，进而将这些信号转换为对应的文本或执行相应的操作。目前，主流的语音识别方法主要基于统计模式识别。通过对大量语音样本进行训练和学习，系统能够构建出识别语音信号的模型。当接收到新的语音输入时，系统会将其与已有的模型进行匹配，从而精确地识别出语音的内容。

（三）笔交互技术

纸笔交流是人们记录思想、传递信息的重要手段，而笔交互技术基于这一传统理念，将笔作为主要的输入工具，为人们带来了更加直观、自然的交互体验。笔交互技术具有连续性强、便携、轻便、信息输入量大且延迟较低等优势，这使得它成为许多场景下的理想选择。然而，由于手写字体存在多样性和不确定性，如何将手写内容准确地转换为计算机可识别的文字是一个技术难题。此外，再现精度不够高也是笔交互技术需要克服的障碍之一。为了解决这些问题，手写识别技术应运而生。作为笔交互技术中的关键环节，手写识别技术旨在将手写内容转化为计算机可识别的信息。

第二节　数字媒体界面设计技术

人机交互界面设计的核心在于构建一个高效的系统，通过人机交互的方式有效地辅助用户完成各类任务。一个成功的交互系统必须能够满足用户的实际需求，为用户提供更好的体验。

一、关于用户的基础理论

（一）用户的含义

在产品设计过程中，用户是产品的最终接收者，其地位至关重要。一个成功的产品，除了技术上的突破，更需要在用户体验上用心。用户的需求、期望和感受应成为产品设计的核心考量，同时用户的使用目的也应成为设计的重要参考。产品设计应以满足用户需求为出发点，这要求设计师对用户的实际需求和使用环境有深入的了解。此外，产品的易用性、吸引力和用户心理变化也是不可忽视的因素。易于使用的产品可以降低用户的学习成本，提升用户的使用体验。同时，产品的吸引力以及用户在使用过程中的心理变化，也是决定用户持续使用的重要因素。

（二）用户体验

用户体验是指用户在与产品或系统互动过程中所产生的整体感受和评价。优质的用户体验能够为用户带来愉悦和满足感，进而促进用户对产品或系统的持续使用与推荐。为了实现这一目标，我们需要深入理解用户体验的构成要素，并确保这些要素之间的协调与和谐。

要使用户有流畅、自然且满意的体验，设计师和开发者必须仔细权衡并应对各种潜在影响因素。首先，技术约束是用户体验设计中不可忽视的因素，设计师在创作用户界面时，必须了解当前技术的限制。其次，设计创新往往面临用户接受度的挑战。尽管创新的设计元素可能为用户带来新颖的体验，但如果这些创新元素过于复杂或不符合用户习惯，可能会导致用户在使用过程中产生困惑或不满。因此，设计师需要在创新与用户习惯之间寻找平衡点，确保设计既能吸引用户，又能被用户轻松接受。最后，开发进度表对设计工作产生的压力也不容忽视。在需要发挥创造力的设计任务中，设计师往往需要在有限的时间内完成设计，这可能会限制他们的创意发挥。因此，项目管理和时间规划对于确保设计质量和用户体验至关重要。

二、人机界面中的用户划分

从人机互动的视角切入，我们可以将人机界面中的用户划分为4种类型。

偶然型用户通常只需要使用计算机完成一些简单的任务，他们一般不了解计算机应用领域的基础知识和专业知识。

生疏型用户通常具有一定的计算机操作能力，但在面对新的计算机系统或软件时，他们可能需要一些时间来适应和学习。他们虽然经常使用计算机，对计算机的性能和操作有一定的理解和经验，但对于新接触的计算机系统仍会感到陌生。

熟练型用户通常具备丰富的计算机知识和操作经验，能够熟练地操作和使用计算机。熟练型用户往往需要处理复杂的任务，需要计算机系统提供高效、稳定的支持。

专家型用户通常需要处理高度专业化的任务，需要计算机系统提供强大的功能和灵活的定制性。这类用户在计算机领域有深厚的造诣，他们对计算机完成的任务和系统本身都有深刻的认识和独到的见解。

三、用户交互分析

（一）用户交互内容分析

要有效地掌握用户需求，必须专注于软件的核心功能和其目标用户群体，对用户与软件的交互内容进行深入细致的分析。这一过程要求设计师全面分析产品策略和用户群体，同时研究用户交互行为的特征。

产品策略分析的核心在于精准把握产品的设计方向和预期目标。这一目标的实现，离不开对用户需求的深入洞察和对竞争态势的全面分析。这要求设计师对目标用户群体有清晰的认识，了解他们的需求、习惯和偏好。通过对比分析市场上的同类产品，设计师可以了解它们在功能、设计、用户体验等方面的优势和不足。这有助于找到自身产品的差异化点，从而在竞争激烈的市场中脱颖而出。同时，设计师还应该关注同类型产品的用户反馈和评价，从中汲取经验教训，不断优化自身产品的设计策略。

深入洞察产品的目标用户群体，能够更好地理解用户的需求、期望和行为模式，从而为产品的设计、开发和优化提供有力的支持。先对产品的潜在用户进行细分，找出那些最有可能对产品感兴趣的人群。在明确了目标用户群体之后，接下来就要筛选出具有显著代表性的典型用户。典型用户能够反映出整个用户群体的主要特征和需求。通过对典型用户的深入研究和描述，设计师能够更加精确地了解目标用户群体的特点和需求，为产品的设计和开发提供有力的指导。

用户交互行为的特征分析，应基于与用户的深入交流，对目标用户群体进行分类和比例关系的深入探究。这一分析过程旨在挖掘用户的真实需求，为产品设计提供有力的支持和指导。为了精准地获取目标用户群体的交互特征，可以采用多种信息收集方式来获取用户情况。在收集到大量用户数据后，设计师需要对目标用户群体进行分类。这一过程涉及用户特征的不断细化和完善，以便更好地满足不同用户的需求。同时，比例关系探究也是用户交互行为特征分析的重要组成部分。设计师需要分析不同用户群体之间的比例关系，了解各群体的规模和影响力，以便为产品设计制定更加合理的策略。

（二）用户交互任务分析

用户接纳产品是因为他们期望通过产品来辅助他们更高效地达成工作目标，提升个人和团队的效率。用户通常具有自己的思维模式，会基于自身的知识和经验设想任务的完成方式。因此，当用户在选择和使用产品时，他们会关注产品的设计理念与功能设置，以评估其是否与自己的思维模式相吻合。

任务分析在交互设计中占据核心地位，能够帮助设计师建立起与用户之间的有效沟通。设计师通过深入了解用户的日常习惯、使用场景以及他们与产品的交互方式，能够更准确地把握用户需求。这种对用户需求的深入理解为设计师提供了宝贵的灵感来源，有助于他们创造出更符合用户期望的产品。

四、基于用户的界面设计

（一）用户界面设计流程

1. 用户观察和分析

观察用户是如何理解内容和组织信息的，可以帮助设计师在设计交互系统时更合理地组织信息，主要方法有情境访谈法、焦点小组法和单独访谈法。

2. 设计

对用户进行观察和分析有助于设计师了解用户的真实需求，掌握设计产品的背景资料。要进一步确保产品设计的针对性，设计师还要对收集到的资料进行系统的分类。可以运用对象模型化的方法将复杂的用户需求和行为转化为简洁明了的图形表示，从而更好地理解和把握设计的本质。

对象抽象模型是一种灵活的框架，能够逐步细化为多种用户视图。这些视图在抽象程度上呈现出多样性，使得开发者可以根据不同的需求选择合适的视图来理解和操作模型。低真视图是对象抽象模型中较为抽象的一种视图，它侧重于逻辑分析，帮助开发者从宏观角度理解模型的基本结构和逻辑关系。高真视图更接近于实际的人机交互界面，它提供了模型的具体实现细节和最终呈现效果。通过高真视图，用户可以直接了解模型的外观、交互方式和功能的实现，从而更加直观地了解模型的实际应用价值。

3. 实施

在进入最后的产品设计实施阶段后，设计师要在高真设计模型的基础上进一步做出调整，并基于产品的整体设计风格标准确保产品的每个部件都拥有相同的风格。在产品投入市场后，设计师还要持续关注用户的反馈，以便不断优化产品设计，在原设计的基础上设计出更为优秀的产品。

（二）图形用户界面设计

1. 图形用户界面设计的主要思想

图形用户界面设计的主要思想包括3个方面。

（1）桌面隐喻

在计算机用户界面的设计中，桌面隐喻是将计算机的功能用人们熟悉的图例清晰地表示出来，这样不仅能够为用户提供直观的操作界面，还降低了用户的学习门槛。桌面隐喻的表现形式多样，大致可以分为3类：第一，直接隐喻，其图形元素本身具备直接的操作性；第二，工具隐喻，其将计算机的操作和功能与日常生活中的工具进行类比；第三，过程隐喻，其通过模拟和演示操作过程，帮助用户理解并完成任务。

（2）所见即所得

在现代计算机应用中，交互式界面以其即时反馈的特性显著地改善了用户体验。用户可以直接观察到他们的操作如何在应用程序中立即得到反映，这种直观性极大地简化了学习过程并提高了工作效率。然而，由于显示设备的空间限制、颜色配置以及硬件设备的实际能力等因素，显示结果与实际输出之间可能会存在偏差。此外，所见即所得这一原则可能与某些用户的需求并不匹配，如一些文本处理软件中一般都会自动提供与文本结构相关的标记，但是用户可能并不希望这些标记出现在最终的输出结果中。

（3）直接操纵

直接操纵是通过光笔、鼠标等交互设备直接在屏幕上对命令、数据或数据的特定操作进行可视化的选择和调整，其核心优势在于操作过程的直观性。用户无须记住复杂的命令或语法，只需通过直观的视觉界面，就可以对操作的对象、属性及其关系进行清晰的把握。

2. 图形用户界面设计的一般原则

图形用户界面设计的一般原则如下：界面要具有一致性，常用操作要有快捷方式，提供必要的错误处理功能，提供信息反馈，允许操作可逆，设计良好的联机帮助，合理划分并高效地使用显示屏幕。

（三）用户界面表现形式

用户界面按照界面的表现形式可以分为3类。

命令行界面是人机交互界面的初级形态，在这种模式下，用户扮演操作员的角色，机器则以被动方式响应用户的操作。用户需要通过键盘输入数据和指令，再通过视觉观察屏幕反馈与机器展开交流。然而，这种基于静态文本字符的交互方式在用户体验上存在诸多不足：一方面，由于命令行界面缺乏直观的视觉反馈和交互提示，用户在进行操作时面临较大的困难；另一方面，该界面在错误处理机制上的不成熟也影响了用户交互的顺畅性。

图形用户界面是第二代人机交互界面的代表，它的出现改变了人与计算机交互的方式。在此之前，用户通常需要通过复杂的键盘命令来完成各种操作，这不但要求用户具备一定的计算机技能，而且操作过程烦琐，效率低下。图形用户界面通过引入图标、按钮、滚动条等直观易懂的图形元素，大大简化了人机交互过程，使得用户无须记住复杂的命令，只需要通过简单的鼠标点击和拖拽就能完成各种操作任务。

多通道用户界面是一种更加自然、高效的人机交互界面，它综合运用了多种交互通道和设备，使得用户能够以自然、并行和协作的方式与计算机进行交互。多通道用户界面的优势在于能够整合来自多个通道的精确或不精确的输入信息，通过复杂的算法和模型来准确捕捉用户的交互意图。这种界面不仅提高了人机交互的准确性和效率，也为用户提供了更加智能、高效的人机对话体验。

五、Web 界面设计

从人机交互界面的角度看，可以将 Web 理解为一个用户和其他用户之间通过互联网进行信息交流的抽象界面。Web 界面的设计水平，将会影响用户的使用兴趣和效率。

（一）Web 界面及相关概念

Web 是一个由许多互相链接的超文本（hyper text）文档组成的系统。分布在世界各地的用户能够通过互联网对其进行访问，并交流与共享信息。在这个系统中，每个有用的事物被称为一种"资源"，其由一个全局"统一资源标识符"标识，这些资源通过超文本传输协议（hyper text transfer protocol，HTTP）传送给用户，用户则通过单击链接获得这些资源。

（二）Web 界面设计原则

Web 界面设计一般遵循以下基本原则。

第一，用户至上。这意味着在设计过程中，用户的需求和体验应当被放在首位。设计师在设计产品的过程中必须深入理解用户的共性需求，同时也要关注他们的个性化需求，以确保设计能够满足各类用户的需求。

第二，一致性。在 Web 界面设计中，内容和形式的一致性至关重要。此外，Web 界面的整体设计也要和内容、形式的风格保持一致，确保界面风格的统一。

第三，简洁性。Web 界面设计要做到简洁、明确。

第四，彰显特色。网页要吸引并保持用户的关注，必须拥有鲜明的特色和详尽的内容。精心策划的具有独特创意的网站，能够通过引人注目的网页设计和深入人心的内容迅速捕获用户的目光。

第五，兼容性。产品要能够适配不同的浏览器。

第六，界面的导航要明确。网站的导航应清晰地展现网站的内容体系和结构，使得用户在使用时能够明确自身操作所属的部分。

（三）Web 界面要素设计

1. Web 界面规划

Web 界面规划对于任何 Web 网站都至关重要。要吸引更多用户访问，并为用户提供更加流畅、高效和愉快的浏览体验，就必须进行细致的 Web 界面规划。在规划设计 Web 界面时，第一个步骤就是明确网站的目标和用途。还有一点也是非常重要的，即在制定网站建立目标的同时，确定 Web 界面的设计风格。

2. 文化与语言

网站开放后，发布的信息将遍布全球，为世界各地的人们所共享。因此，对于服务全球用户的网站来说，必须全面考虑如何适应和尊重不同国家和地区的独特文化与语言环境，这样才能确保信息的准确传达和用户满意度的提升。

3. 内容、风格、布局与色彩设计

（1）内容

Web 界面的内容设计，既要简洁明了，又需符合既定的设计目标。针对不同类型的用户，设计师必须调整措辞和语气，以确保信息的有效传达和用户体验的优化。

（2）风格

Web 界面的风格不仅仅是视觉上的呈现，也是一种综合性的用户体验。它涉及网站的每一个细节，从品牌标识到色彩搭配，从字体设计到页面布局，再到用户交互方式和内容质量，无一不体现出网站的风格和气质。这种风格不仅要符合网站的品牌形象，也要吸引用户的眼球，提高用户的满意度。

（3）布局

Web 界面布局涉及对页面元素的合理分配与组合。应合理安排和呈现各类信息内容，为用户提供直观、便捷的操作体验。

（4）色彩

Web 网站是企业或个人展示自我形象、传播信息的重要窗口。在这个窗口中，视觉呈现无疑是吸引用户注意力的第一要素。色彩作为视觉呈现的核心元素，扮演着至关重要的角色。精心设计的色彩组合、调整与对比，不仅能够营造出独特的视觉氛围，还能够深刻反映企业或个人的风格、文化内涵和核心价值等。

4. 文本设计

文本是每一个 Web 界面的必要内容，文本设计应遵循以下原则。

第一，界面上要避免出现过多的文字。文本过多可能会使网页浏览者失去浏览兴趣。

第二，必须注重网页颜色搭配的一致性。要使网页的文本颜色和界面整体呈现效果保持和谐，并且还要注意文本颜色的区分性，使网页浏览者能够明确不同颜色的文本所代表的意义。

第三，必须注重网页文本字体的选择。网页的文本字体应保持一致，并与网页整体风格保持统一。如果使用不同的字体，要确保相同类型的信息使用同一字体。

第四，网页的页面设置以及文本格式要丰富且给人以舒适的观感。

第五，要注重网页内容中标题的设计。文本的标题要与文本内容区分开来，一般标题使用较大的字号和其他字体，有时还应进行字形变化加以突出。

5. 多媒体元素设计

网页界面如果只有文本内容会显得单调，可以使用图片、动画、音频、视频等多媒体元素丰富网页界面，使网页界面更加生动活泼，更加具有艺术表现力和吸引力。

（四）Web 界面基本设计技术

设计 Web 界面，可采用微软公司的 FrontPage 和 Macromedia 公司的 Dreamweaver 网页编辑器工具。Web 界面设计中常用到超文本标记语言（hyper text markup language，HTML）、JavaScript 客户端脚本语言、Java Applet 应用程序、动态服务器页面、Java 服务器页面等服务器端脚本语言，以及其他网页开发技术。

（五）Web 3D 界面设计技术

Web 3D 可以简单地看成 Web 技术和三维技术相结合的产物，是一种在互联网上呈现三维立体图形的技术。目前，Web 3D 技术已经发展成为一个技术群，成为网络三维应用的独立研究领域。走向实用化阶段的 Web 3D 的核心技术包括虚拟现实建模语言、Java、可扩展标记语言、动画脚本以及流式传输等技术。

六、移动界面设计

（一）移动设备及交互方式

当前，移动终端设备市场的多样化趋势越发显著。各种移动终端设备因各自独特的功能，满足了用户在各种场景下的不同需求。从便携性角度考虑，手机和个人数码助理（personal digital assistant，PDA）无疑是当前市场上最受欢迎的移动设备。然而，随着科技的快速发展，各类设备之间的传统界限逐渐消失，特别是介于PDA与笔记本电脑之间的移动互联网设备，不仅拥有强大的数据处理能力，还兼具轻便的体积和持久的续航性能，为用户提供了更加丰富多元的移动办公和娱乐体验。

随着科技的不断进步，移动设备已经深入人们的日常生活，其种类繁多、功能各异。这些设备小巧轻便，尤其是智能手机和掌上电脑，然而，这种便携性也带来了一些挑战。传统的全尺寸键盘和鼠标等输入设备因尺寸问题无法与移动设备配合使用，因此，设计适合移动界面的输入和输出方式，成为当前亟待解决的问题。

（二）移动界面设计原则

移动设备具有的便捷性和设计的简洁性使得移动应用开发面临着一系列挑战。设计师在设计移动界面时应充分考虑移动设备的特点，基于一般界面的设计原则进行特殊设计。这就要求设计师在设计移动界面时，应采用适应性强的设计策略，确保能在不同设备上呈现出一致的用户体验。

在设计移动界面时应考虑的设计原则如下：界面简洁明了，风格和谐统一，设计具有鲜明特色；界面功能直观易懂、有针对性，检索便捷；文本信息应尽量本地化。

（三）移动界面要素设计

在当今数字化时代，移动应用已成为人们日常生活中不可或缺的一部分。随着智能手机和平板电脑的普及，移动应用的界面设计变得尤为重要。优秀的移动界面设计不仅能够提升用户体验，还能增强用户对品牌的忠诚度。本书详细探讨设计师应了解移动界面设计的要素和原则，以设计出更加出色的移动界面。

1. 菜单

为了设计出适用于移动设备的用户友好型菜单，应遵循以下设计原则。

第一，供选择的项目应该根据需要进行逻辑分类，如按日期、字母顺序等。

如果没有逻辑顺序，可以按优先级分类，即将被选择频率最高的项目放在列表的最顶端。

第二，菜单上的每一选项应当简明扼要，不宜超过一行。占据多行甚至多个显示窗口的大量文本应当换行，并应通过设计的"跳过"链接直接进入下一个选项。

2. 按钮

受显示能力所限，一般移动界面中的按钮不太经常使用图标。这一点可能随着移动设备图形显示能力的增强而发生变化。在按钮属性的设置上，根据所显示的应用类型和信息类型使用风格和标注相一致的标签。例如，"确定"按钮应在整个应用中的同等场合下使用同样的标签，否则容易导致用户混淆；如果采用英文名字，除个别始终用大写的单词外，只有首字母需要大写；汉字标签则一般需要注意控制字数。

3. 多选列表

在移动应用中使用多选列表，可以最大限度地减少文本输入。例如，使用一个电子邮件地址簿，可以使用户不必过多地使用移动设备的输入功能输入电子邮件地址，而可以简单地通过多选列表将需要的电子邮件地址插入一封电子邮件的收件人或抄送人地址中。

4. 文字显示

根据显示的需要，可以使用以下几种形式的链接。

第一，"View"（查看）。如果一个数据列表中每个项目都包含额外的详细信息，可以使用该链接显示这些数据。

第二，"More"（更多）。一般作为数据页末尾的一个链接，使用户进入下一页查看相关数据。

第三，"Skip"（跳过）。跳过当前选项，链接到下一个类似的数据，如下一封电子邮件信息。关于文字显示的一般可用性建议为：每一屏幕显示内容不宜过多，如果信息较多，应定义一个"More"链接；一般情况下，文字信息应当使用换行方式进行显示。

5. 数据输入

针对数据输入的可用性原则如下。

第一，对于数据输入一般应进行长度、数据类型以及取值范围等形式的格式化，以指导用户输入合法的可用信息。

第二，建立数据输入标题，并根据需要在标题中加入所要求的输入格式。

第三，如果已经确定数据的某些输入部分，可以预先填好，且不允许用户修改。

第四，应当具有检错机制，如果某些信息必须填写，可以设置成禁止提交空数据。

第五，在格式设置中适当地添加分隔符以提示用户输入合法的信息。

6. 图标与图像

在手机等设备上使用图像往往有很多限制，需要注意如下问题。

第一，了解目标设备所支持的图像格式，如果希望应用跨平台使用，应当尽量使用受到较多支持的图像格式。

第二，由于受到设备的限制，即使支持彩色的移动设备也可能无法支持真彩色，需要使用调色板，注意设置调色板使其达到最佳显示效果。

第三，对于不支持图像的设备，应当提供替换的信息展示方式。

第四，进行图像浏览时，在允许的条件下利用缩放使用户看到完整的图像。例如，必须滚屏时，尽量使用垂直滚屏。

第五，尽量用户在上下文中直接浏览嵌入的图像，而不必使用独立的显示工具。

7. 导航设计

采用标签进行导航的视图一般应当遵循以下原则。

第一，从一个标签视图转到另一个时并不影响这些视图中的返回键功能；它们中的任何一个返回功能指向同一个地方，即该应用的上一层。

第二，当某个状态拥有标签视图时，如果用户从上一层进入该状态，打开的将是默认视图。

第三，如果用户从某个标签视图进入其下面一层，这时的返回功能将导致返回到原先的视图（不一定是上面提到的默认视图）。

（四）移动界面设计技术与工具

1. 移动应用开发技术

开发移动应用是一项复杂的任务，不仅需要考虑各种复杂的网络连接方式，也要考虑各种不同的硬件设备，甚至不同型号设备之间的差异，还要与现有的应用体系尽可能地集成，因此，选择适当的开发平台很重要。目前，常用的移动应用开发的体系结构主要包括 NET 精简框架、J2ME（编程语言平台）架构以及无线二进制运行环境架构等。

2. 移动浏览标准协议

采用 J2ME 等技术开发的应用软件需要运行程序的用户终端安装和配置移动浏览标准协议，同时也对终端的性能具有一定的要求。移动应用的开发还有一种模式，就是类似于 Web 应用的开发，用户端仅需支持一定的移动浏览标准协议，通过移动浏览器，就可以利用网络访问移动应用服务器，获取信息或完成某些操作。常用的移动浏览标准协议主要有无线应用通信协议、无线标记语言、无线标记语言脚本以及可扩展标记语言移动概要等。

3. 移动设备操作系统

常见的移动设备操作系统主要包括 Palm OS、Windows Mobile 系列移动操作系统、嵌入式 Linux、Android。

4. 移动界面开发工具

由于移动设备的硬件形式繁多，而且需要提供良好的开发环境，所以模拟器软件就成为移动界面开发必不可少的一种工具。模拟器是一种软件工具，它可以在一种平台上通过软件模拟另外的软硬件环境。移动设备的模拟器主要由相应的开发商推出。

第三节　数字媒体虚拟现实技术

虚拟现实技术是以计算机技术为核心的多种技术的综合，融合了数字图像处理、模式识别、人工智能、多媒体技术、传感器、网络以及并行处理技术等多个信息技术分支的研究成果。

一、虚拟现实的概念

虚拟现实又称虚拟实境或灵镜技术，是由美国 VPL Reasearch 公司创始人之一杰伦·拉尼尔（Jaron Lanier）于 1989 年提出来的。计算机技术、传感器技术、数字多媒体技术等相关领域的飞速发展，为虚拟现实技术从价格上走下神坛、从功能上接近科幻、从应用上走入家庭创造了必要的条件。虚拟现实技术、理论分析、科学实验已成为人类探索客观世界规律的三大手段。

虚拟现实技术的含义一般有狭义和广义之分。狭义的虚拟现实技术指一种智能的人机界面或高端的人机接口，用户可通过视觉、听觉、触觉、嗅觉和味觉等看到彩色、立体的景象，听到虚拟环境中的声音，感受到虚拟环境反馈的作用力，由此产生一种身临其境的感觉；广义的虚拟现实技术是对虚拟景象或真实世界的模拟实现，利用电子技术模拟局部的客观世界，完美地再现使用者希望感受到的声、光、气、形等，并利用多种传感器接收使用者的多种反应，实现虚拟环境—用户反应—环境变化—用户感受的一系列人机交互过程，使用户沉浸在虚拟现实的环境中。

虚拟现实技术的定义可归纳如下：虚拟现实技术是以计算机技术为核心的一系列相关技术的融合，旨在营造一种集视觉、听觉和触觉等高度拟真感受于一体的虚拟环境。用户可以通过多种专用设备沉浸其中，并能以自然的方式与该虚拟环境进行交互。虚拟现实技术不仅可以让用户采用在真实世界中常用的自然技能（如眼看、耳听等）对虚拟环境中的物体进行考察或操作，还提供多种感官（如视觉、听觉、嗅觉、触觉）的拟真信息反馈。

二、虚拟现实系统的构成与分类

（一）虚拟现实系统的构成

典型的虚拟现实系统主要由计算机、输入/输出设备、应用软件系统和数据库等组成。

1. 计算机

在虚拟现实系统中，计算机负责生成虚拟世界以及实现人机交互。人们对虚拟现实系统的拟真度、复杂度和反应速度提出了越来越高的要求，如外太空星域的模拟、大型建筑物的立体展示、复杂场景的三维建模等。不断提高的要求使得生成虚拟世界所需的计算量不断增加，相应地，对计算机硬件配置的要求也同步上升。目前，低档的虚拟现实系统以 PC 为基础，并配置三维图形加速卡；中档的虚拟现实系统一般采用太阳（Sun）公司或美国硅图公司（SGI）等的可视化工作站；高档的虚拟现实系统则采用分布式的计算机系统，即由几台计算机协同工作。由此可见，计算机是虚拟现实系统的"心脏"，是创建虚拟现实场景的基石。

2. 输入/输出设备

在虚拟现实系统中，仅有强大的计算机系统是远远不够的，虚拟现实拟真性的重要表现在于其与参与者的交互作用。为了实现人与虚拟世界的自然交互，必须采用特殊的输入/输出设备，一方面将计算机营造的感觉信息传达给参与者，另一方面也积极地识别参与者的各种指令及感受，并实时生成相应的反馈信息。

例如，由美国 Virtuix 公司出品的游戏操控设备 Virtuix Omni，通过集成 Oculus Rift 立体眼镜和 Omni——一款可将玩家的运动数据（如人的方位、速率等数据）同步反馈到实际游戏中的全向跑步机，可使玩家在现实中 360 度控制游戏角色自由行走和运动，并通过立体眼镜感知游戏环境。

3. 应用软件系统和数据库

虚拟现实系统的应用软件系统可完成的功能主要包括虚拟世界中物体的几何模型、物理模型、行为模型的建立，三维虚拟立体声的生成，模型管理和实时显示，以及虚拟世界数据库的建立与管理等。其中，虚拟世界数据库主要用于存放整个虚拟世界中所有物体的信息。计算机技术发展至今，以往大型计算机才能实现的功能逐步可由家用小型 PC 实现，虚拟现实的应用软件系统也在人人都可以绘制虚拟环境的浪潮中，如雨后春笋一般蓬勃发展起来。其中的典型代表有接近于微型游戏引擎、功能强大的元老级虚拟现实制作软件 Virtools，拥有大量插件、目前常用于制作客户端游戏和手机游戏的 Unity3D，以及提供专业图形生成系统的 SGI OpenGL Performer 等。

（二）虚拟现实系统的分类

目前，虚拟现实技术呈多样化发展趋势，其不再局限于采用高档可视化工作站、高档头盔式显示器等一系列昂贵设备的技术，还涵盖一切与之相关的具有自然交互、逼真检验的技术和方法。虚拟现实技术的目的在于达到真实的体验和自然的交互，而一般单位和个人往往无法承担过于昂贵的硬件设备和相应软件的价格，因此，只要是达成上述目的的系统，就可以称为虚拟现实系统。

在实际应用中，根据沉浸程度的高低和交互程度的不同，可将虚拟现实系统划分为沉浸式虚拟现实系统、桌面式虚拟现实系统、增强式虚拟现实系统、分布式虚拟现实系统 4 种类型。其中，桌面式虚拟现实系统因技术简单、投入成本较低应用得较为广泛。

1. 沉浸式虚拟现实系统

沉浸式虚拟现实系统可为用户提供高度逼真的三维虚拟世界。不仅如此，沉浸式虚拟现实系统的高度临场感和高度可参与性可以为用户提供最真实的实验条件，因此非常适合用于军事训练、建筑设计与城市规划、虚拟生物医学工程、教学演示、工程数据可视化等领域。

沉浸式虚拟现实系统具有如下特点。

第一，高度的沉浸感。沉浸式虚拟现实系统采用多种输入与输出设备来营造一个虚拟的世界,并使用户沉浸其中,同时,它还可以使用户与真实世界完全隔离,不受外界环境的影响。

第二,高度的实时性。沉浸式虚拟现实系统在虚拟世界中可以使用户产生与真实世界相同的感受。例如,当人推动箱子时,箱子会随之移动一定的距离。这个过程需要虚拟现实系统中的传感器及时定位人的空间位置,以及人的运动方向和用力情况,计算机接收到相应数据后进行快速计算,输出相应的场景变化。整个过程快速而准确。

常见的沉浸式虚拟现实系统有基于头盔式显示器的虚拟现实系统、投影式虚拟现实系统、遥在系统。

基于头盔式显示器的虚拟现实系统,采用头盔式显示器来营造单用户的立体影像和声音虚拟环境,通过封闭用户的视觉和听觉,使用户完全投入虚拟环境中。

投影式虚拟现实系统主要通过具有沉浸感的大屏幕立体投影系统来实现对用户的影响。其中,大屏幕三维立体投影显示系统最为典型,根据沉浸程度的不同,它又可分为单通道立体投影系统、多通道柱面立体投影系统、球面投影系统等。

虚拟现实技术还可用于辅助用户实现在极端恶劣或特殊环境下的操作,这一用途主要体现在遥在系统中。遥在系统通常由人、人机接口和遥控操作的机器人组成,因此也可称作远程操纵系统。与前两者不同,遥在系统感知环境的主体变成身处远离用户的深海环境、核环境等真实环境中的机器人,而发出运动命令的主体还是用户,用户通过机器人感知远方的真实环境,然后发出指令,进而控制机器人在远端完成各种操作。

2. 桌面式虚拟现实系统

桌面式虚拟现实系统又称为窗口虚拟现实系统。桌面式虚拟现实系统利用PC或低级图形工作站进行仿真,生成三维立体空间的交互场景,用户将计算机屏幕作为观察虚拟世界的窗口,通过立体眼镜、摄像头、数据手套等各种输入设备实现与桌面360度虚拟现实世界的交互。与沉浸式虚拟现实系统相比,桌面式虚拟现实系统的设计存在一定的局限性,用户不能完全投入其中,仍会受到屏幕以外的周边现实环境的干扰。为了增强沉浸感,用户可以通过佩戴立体眼镜来提升画面的立体效果,部分桌面式虚拟现实系统还加入了专业的投影设备,以增大屏幕观看范围。

桌面式虚拟现实系统虽然受设备所限无法为用户提供完全沉浸的感受,但由于成本相对较低,是目前最为普及的虚拟现实系统,在工程、建筑、设计和游戏等领域都有广泛的市场前景。

3. 增强式虚拟现实系统

在真实环境中叠加一个小型虚拟系统以追踪或增强部分真实信息将获得独特的效果，于是谷歌眼镜等增强现实技术应运而生。增强式虚拟现实系统也叫叠加式虚拟现实系统，是在虚拟现实系统的基础上发展起来的新型技术。该系统与沉浸式虚拟现实系统不同，它的目标不在于封闭用户的感知能力，而在于增强用户对真实世界中感兴趣信息的感知能力。例如，通过谷歌眼镜在真实的建筑楼群上叠加各种地标或介绍，或叠加 CT 切片图等信息辅助医生完成手术等。该系统由于同时兼容现实和虚拟环境中的各种信息，因此被广泛用于医学可视化、军用飞机导航、娱乐、设备维护等领域。

增强式虚拟现实系统通常由计算机、信息辅助显示系统、传感器等组成。以谷歌眼镜为例，首先，为了实现声音控制拍照、视频通话、指引方向、上网冲浪等功能，该系统包括多种传感器，如眼镜前方的悬置摄像头可拍摄用户能看到的各种目标图像，鼻梁上方的横置鼻垫传感器可传回用户的脸型等信息，内置麦克风可用于接收用户的语音命令。其次，位于镜框上的电脑处理器装置，可用于处理视觉传感器、听觉传感器、压力传感器、定位传感器等传回的图像、声音、触觉和位置信息，并对这些信息进行处理。最后，通过用户右眼上方的小屏幕（头戴式微型显示屏）显示各种用户感兴趣，但又不存在于真实环境中的可视化信息。

4. 分布式虚拟现实系统

分布式虚拟现实系统是虚拟现实技术和网络技术发展与结合的产物，是在网络虚拟世界中，通过网络连接位于不同物理位置的多个用户和虚拟世界，从而实现信息共享的系统。位于该系统内的每个用户同时加入同一个虚拟空间里，通过联网的计算机与其他用户进行交互，共同体验虚拟经历，以达到协同工作的目的，从而将一个人体验的虚拟环境变成许多人彼此联系、共同体验的虚拟社会。

分布式虚拟现实系统出现的原因有两方面：一方面是为了充分利用分布式计算机系统提供的强大计算能力；另一方面是用户本身的需求，如多人联网游戏和虚拟战争模拟等，该应用将人和人之间的交流作为第一要务。分布式虚拟现实系统被广泛应用于远程教育、虚拟战场排演、虚拟演播室、跨医院联合手术、实境式电子商务中。

三、虚拟现实系统的硬件设备

虚拟现实系统要做到以假乱真、引人入胜，就必须具备人的诸多感官特征，如视觉、听觉、触觉、嗅觉和味觉等。同时，系统还要能感知沉浸其中、与虚拟世界进行交互的角色的各种信息，如空间位置、动作、声音等。值得注意的是，需要观测的角色不仅包括人，还包括动物、车辆等可以移动的物体。

为实现上述功能，虚拟现实系统必须使用特殊的人机接口和外部设备，既要允许用户将信息准确地输入计算机，也要让计算机将信息快速地反馈给用户。根据功能和特点的不同，虚拟现实系统的硬件设备主要包括虚拟世界的生成设备、虚拟世界的感知设备、空间位置跟踪定位设备和面向自然的人机交互设备。

（一）虚拟世界的生成设备

在虚拟现实系统中，计算机是虚拟世界的主要生成设备。虚拟世界的真实与否很大程度由计算机的性能高低决定。由于虚拟世界本身的复杂性以及计算实时性的要求，产生虚拟环境所需的计算量巨大，而且这一计算量在虚拟现实技术的发展过程中呈快速增长的趋势，这一趋势对计算机的配置提出了极高的要求。

虚拟世界的生成设备的主要功能包括视觉通道、听觉通道、触觉通道与力觉通道信号的生成与显示。根据功能与形式的不同，它可分为基于高性能 PC、基于高性能图形工作站和基于分布式计算机的虚拟现实系统三大类。其中，基于高性能 PC 的虚拟现实系统主要使用配置图形加速卡的普通计算机，通常用于桌面非沉浸式虚拟现实系统的生成。随着计算机技术的发展，基于高性能图形工作站的虚拟现实系统逐步朝准入门槛降低、高端性能提升的方向发展，工作站的性能评价标准可参见标准性能评估协会（Standard Performance Evaluation Council，SPEC）提供的图形标准。基于分布式计算机的虚拟现实系统可利用网络内多台处理器的计算能力，统合不同用户的交流过程，实现海量场景数据的快速处理、复杂场景的实时交互绘制以及高并发协同交互分析等功能，主要用于大规模联合作战模拟演练、海量多维海洋信息可视化分析以及城市规划等多个行业领域。

（二）虚拟世界的感知设备

为了使置身于虚拟世界中的人产生身临其境的感受，必须为用户提供各种"真实"的感觉。人主要依靠视觉、听觉、触觉、力觉、味觉、嗅觉等多种途径感知世界，然而，目前虚拟世界能为用户提供的成熟或相对成熟的感知信息，仅有视觉、听觉和触觉（力觉）3种。虚拟世界的感知设备的职责就在于为用户提供视觉、听觉和触觉（力觉）信息，这意味着虚拟世界的感知设备需要将计算机生成的各种感知信号转变为人能接收的多通道刺激信号，其中的难点在于刺激的真实性和实时性。

1. 视觉感知设备

视觉感知设备旨在为用户提供立体、广阔且实时变化的场景、视野。人从外界获取的信息有80%～90%来自视觉，因此视觉感知设备的优劣直接决定了用户体验的好坏。人的双眼有6～7厘米的距离（瞳距），在观察物体时，左右眼会分别产生一个稍有不同的图像（视差），大脑通过分析会把两幅图像融合为一幅图像，并获得距离和深度的感觉。这就是人眼立体视觉效应的原理。

视觉感知设备生成立体图的过程与此类似，它通过计算机模拟人眼视觉，计算生成具有一定视差的图像。当用户佩戴立体眼镜等设备时，左右眼就会分别看到与之相应的图像，从而恢复场景中的三维深度信息。视觉感知设备按显示模式主要分为台式立体显示系统、头盔式显示器、吊杆式显示器、洞穴式立体显示装置、墙式立体显示装置、全息立体投影及全息影像设备等。如果按立体眼镜区分左右眼图像的原理，又可分为依靠颜色过滤产生立体效果的红蓝眼镜、依靠镜片过滤不同偏振方向的图像光波产生立体效果的偏振眼镜，以及依靠眼镜左右镜片交替接收图像信息产生立体效果的分时眼镜。

（1）台式立体显示系统

我们最早在电脑上观看三维电影时需要佩戴红绿镜片的眼镜，两眼通过镜片接收的不同波长的画面，经过大脑的处理，就形成了带有景深信息的立体影像。与此类似，目前常见的台式立体显示系统由立体显示器和立体眼镜组成，如液晶光闸眼镜。液晶光闸眼镜是一种用于观察三维模拟场景虚拟现实效果的装置。在使用过程中，计算机分别生成左右眼接收到的不同的两幅图像，经过合成处理后，采用分时交替的方式将图像显示于屏幕上。用户佩戴的液晶光闸眼镜与计算机相连，镜片在电信号控制下，以与图像显示同步的速率交替开闭，即当计算机显示左眼图像时，右眼镜片被遮蔽，而当显示右眼图像时，左眼镜片被遮蔽。根据双目视差与深度距离的正比关系，人的视觉系统能够自动将两幅视差图像融合成一幅立体图像。

液晶光闸眼镜系统根据配置的显示屏幕可分为台式终端系统和大屏幕投影系统，其中，台式终端系统价格低廉，是目前较流行和经济的三维立体显示设备之一。但这种眼镜系统的两眼镜片不同时开闭，其图像的亮度没有普通屏幕好，而且沉浸感稍差，因此只被应用于桌面虚拟现实系统或一些多用户环境中。

总体来说，台式立体显示系统具有成本低的优势，也有屏幕大小及交互方式的限制以及单用户、非沉浸式的缺点，因此它并不适合多用户协同工作方式。

（2）头盔式显示器

头盔式显示器是虚拟现实系统中普遍采用的一种立体显示设备。用户可通过头盔式显示器中的眼镜直接观察立体影像而不需要再面对其他屏幕，这一设计将用户从固定座位中解放出来，极大地提高了用户的行动自由度。

头盔式显示器通常采用机械的方法固定在头部，头部与头盔之间不能有相对运动。头盔通常由两个液晶显示器或阴极射线显像管（常见于早期电脑显示器）向左右眼分别提供图像，这两幅图像由计算机分别驱动，显示图像间存在着类似"双眼视差"的微小差别，大脑可将两幅图像融合以获取深度信息，从而得到一幅立体图像。另外，头盔式显示器与台式显示屏+立体眼镜的最主要差别在于头盔上配置了空间位置跟踪定位设备，它能实时检测出头部的位置和朝向。通过计算机的计算，虚拟现实系统能在头盔显示屏上显示出相应的当前位置场景图像。

我们在实际生活中经常处于头部不动、眼球随目标运动而转动的状态，这也对头盔式显示器提出了新的要求，即如何捕捉人眼的运动和朝向。目前，我们所说的头盔式显示器的用户定位不仅包括头部的定位，还包括眼球的定位。头部的定位主要提供用户头部位置和朝向等信息，可通过电磁波、红外线、超声波等方式实现；眼球的定位主要用于瞄准系统，一般通过红外图像的识别、处理和跟踪来获得眼球的运动信息。灵敏度高和延迟小是定位传感系统设计时需要满足的要求。

头盔式显示器通常应用于沉浸式虚拟现实系统和增强式虚拟现实系统中。与立体眼镜等显示设备相比，头盔式显示器沉浸感较好，而且用户行动自如，但其价格高昂。总体来说，头盔式显示器作为一种单用户沉浸式显示器，存在设备过重（部分产品达15～20千克）、分辨率较低、刷新频率较慢、离屏幕过近容易使眼睛疲劳等缺点。

（3）吊杆式显示器

吊杆式显示器由两个互相垂直的可自由移动的机械臂支撑，形如双目望远镜。这种设计不但能让用户在半径约2米的球面空间内自由移动，而且能将显示器的重量巧妙地通过平衡架转移，因此，无论用户怎样移动显示器，都能始终保持自身平衡。另外，支撑臂上的每个节点处都装载了空间位置跟踪定位设备，因此吊杆式显示器能提供高分辨率、高质量的影像，同时不会给用户增加重量方面的负担。

吊杆式显示器具有和头盔式显示器一样的实时观测和交互能力。另外，吊杆式显示器通过计算机械臂节点角度的变化来实现位置及方向的跟踪，因此延迟小，且不受磁场及超声波背景噪声的影响。在显示效果方面，吊杆式显示器采用的阴极射线显像管的分辨率高于早期的头盔式显示器。

吊杆式显示器的缺点在于使用者的运动受限，这是由于其支撑架造成了"死区"，因此吊杆式显示器的工作区要除去中心约 0.5 平方米的空间范围。另外，吊杆式显示器的观察方式使其具有灵活而方便的应用特点，只是沉浸感稍差，用户只要把头部从观测点移开，就能离开虚拟环境而进入现实世界。

（4）洞穴式立体显示装置

随着虚拟现实技术的发展，用户不再满足于仅为单人服务且需要佩戴各种辅助设备的头盔式显示器或吊杆式显示器，可供多用户同时体验的洞穴式立体显示装置随之进入人们的视野。洞穴式立体显示装置是一套基于高端计算机的房间式立体投影显示系统，主要包括专业虚拟现实工作站、多通道立体投影系统、虚拟现实多通道立体投影软件系统、房间式立体成像系统 4 部分。它通过融合高分辨率的立体投影技术、三维计算机图形技术、音响技术、传感器技术，产生一个供多人使用的完全沉浸式虚拟环境。

洞穴式立体显示装置可用于多种模拟与仿真、游戏等。从 1997 年通用汽车公司推出虚拟现实中心开始，美国、日本和欧洲的汽车行业都将投影墙与洞穴式立体显示装置结合，广泛用于评估驾驶员视角、评价车体内部、模拟部分组件的设计和装配过程。

洞穴式立体显示装置提供了可供多人参与的高级虚拟仿真环境，其装备的高分辨率三维立体视听系统允许多个用户同时沉浸于虚拟世界中，然而洞穴式立体显示装置也存在价格高昂、体积较大和对使用的计算机图形处理能力要求较高等缺陷。高昂的成本使该技术主要被大型企业、高校及科研机构使用，而尚未向个人化、微型化普及。

（5）墙式立体显示装置

上述几种视觉感知设备都只能供单人或几个用户使用，而墙式立体显示装置则可以满足多人同时参与同一个虚拟世界的需求。墙式立体显示装置由大屏幕投影显示设备组合而成，这是因为一个大屏幕投影立体显示装置的最大投影尺寸为 6 米 ×5 米。为保证屏幕亮度不下降，对于需要较大显示面积的场合，一般采用多台投影仪组合，构成显示面积更大的墙式立体显示装置或墙式全景立体显示装置。

墙式立体显示装置分为平面式和曲面式两种，显示屏的面积等于几个投影系统面积的总和。其中，曲面式立体显示装置又称环幕投影系统，其包围观众的环形投影屏配合环绕立体声系统能使人产生高度的沉浸感。目前，墙式全景立体显示装置被广泛应用于广告传媒、展览展示、工业仿真、军事仿真、影视娱乐等行业。

墙式立体显示装置相较于头盔式显示器或仅供少数人使用的洞穴式立体显示装置等沉浸系统，虽然沉浸感稍显不足，但显示墙作为多人沉浸系统，随着显示技术、多媒体技术的发展，能够在多人体验和单人沉浸感中做到较好的平衡和折中，性价比较高。

（6）全息立体投影及全息影像设备

科学家利用干涉与衍射原理，通过投影设备将不同角度的影像投影至一种特殊的全息膜上，观察者不用佩戴任何辅助设备就可看到和自己所处位置一致的影像，这就是全息立体投影技术。

科幻小说中的全息影像技术与此不同，立体影像不再局限于立体屏幕，而是投射在空气中，观察者可以从不同角度不受限制地观看，甚至可以走进影像内部。该技术目前尚在研究中，与之最为类似的是雾屏技术。雾屏技术利用海市蜃楼的成像原理，使用超声集成雾化发生器产生大量微粒雾，通过平面雾气屏幕取代实体化的全息屏幕，再经由特制媒体流投射，从而在空气中生成虚幻立体的影像，参与者可在雾气屏幕形成的立体影像中自由穿梭。

2. 听觉感知设备

听觉是仅次于视觉的第二传感通道，因此，听觉感知设备是多通道感知虚拟环境中的重要组成部分。听觉感知设备负责接收用户对虚拟环境的语音输入，同时生成虚拟世界中的三维立体声音。该设备主要由语音与音响合成设备、识别设备和声源定位设备构成，一般采用声卡为实时多声源环境传送三维虚拟声音信号，用户通过普通耳机就可接收这些信号并确定声音的空间位置。该设备最大的难点在于如何让用户产生错觉，认为发声处在设计者期望的某个地方。

听觉感知设备经历了从同步模拟4个和8个独立点声源，模拟中等大小房间内的声学现象到模拟多声源反射途径和直接传播途径的一系列过程。听觉感知设备是伴随着视觉感知设备的发展而不断向前进步的，其功能也从简单的环绕立体声朝着模拟自然界的声学现象方向发展，从而不断满足日益复杂的虚拟现实场景建构需求。

3. 触觉（力觉）感知设备

触觉与力觉是人类感觉的重要通道，人们可以利用触觉和力觉反馈的信息感知世界，并进行各种交互。我们可以利用触觉和力觉信息感知虚拟世界中物体的位置，还可利用触觉和力觉操纵和移动物体完成某项任务。虚拟世界的真实与否，与物体提供的"触摸感"自然与否有很大的关系。虽然我们希望通过手指感受虚拟世界，然而就目前的技术水平来说，主流触觉反馈装置仅能提供最基础的"触到了"的感觉，无法提供表面材质、纹理、温度等细节信息。

（1）触觉反馈装置

根据触觉反馈的原理，手指触觉反馈装置可分为6类：基于视觉、电刺激式、神经肌肉刺激式、气压式、喷气式和振动式。其中，向皮肤反馈可变电脉冲的电刺激式触觉反馈和直接刺激皮层的神经肌肉刺激式触觉反馈安全性较差，因此气压式和振动式是较为常用的触觉反馈方式。

传统气压式触觉反馈装置采用小气囊作为传感装置，通过手套内的小气囊的充气和放气模拟手触摸到物体时的触觉感受和受力情况。然而，该方法实现的触觉感受并不逼真，而且用户需要佩戴手套，略为不便。为了提供更好的触觉体验，科学家开始研究非穿戴式的触觉反馈系统，迪士尼研究中心发明的非穿戴式触觉反馈系统可根据场景的变换喷射出不同密度与速度的气旋，用户碰触气旋时即可产生触摸感。

振动式触觉反馈装置一般将声音线圈作为振动换能器以产生振动。其中的振动换能器由形状记忆合金制成，当电流通过振动换能器时，振动换能器发生变形和弯曲，设计者把振动换能器做成各种形状安装在皮肤的不同位置，从而模拟出虚拟物体的质感。

（2）力觉反馈装置

力觉反馈是指运用先进的技术手段，将虚拟物体的空间运动转变为周边物理设备的机械运动，使用户能够体验到真实的力度和方向感。该技术最早被应用于尖端医学和军事领域。相较于触觉反馈装置，力觉反馈装置的结构和功能要求稍微简单一些，因此也相对成熟。目前，力觉反馈装置主要包括力反馈手套、力反馈操纵杆、吊挂式机械手臂、桌面六自由度游戏棒以及可独立作用于每个手指的手控力反馈装置等。它的工作原理是，由计算机通过力反馈系统（机械或其他力推动和刺激）对用户的手、腕、臂等产生运动阻尼，从而使用户感觉到力的大小和方向。

（三）空间位置跟踪定位设备

为确保虚拟现实世界的真实性与实时性，就要快速精准地捕捉用户的位置信息，并根据用户的朝向和动作，在正确的空间位置给予用户适当的反馈，实现这一目标的关键技术之一就是跟踪定位技术。我们一般用精度（分辨率）、刷新率、滞后时间及跟踪范围来衡量跟踪定位设备。目前，虚拟现实系统中常用的跟踪定位设备根据原理可分为磁跟踪器、超声波跟踪器、光学跟踪器、机械跟踪系统等。

1. 磁跟踪器

在医学手术特别是微创手术中，医生经常需要确定已深入患者体内的内窥镜等手术器械的位置，这时磁跟踪器就能发挥巨大的作用，它们可在有遮挡的情况下精确测量金属器械的空间位置。

磁跟踪器一般由 3 个部分组成：一个计算控制部件、几个发射器和与之配套的接收器。磁跟踪器利用磁场的强度来进行位置和方向的跟踪，即先由发射器发射电磁场，接收器接收到这个电磁场后将其转换为电信号，再将信号传送至控制部件，控制部件经过计算后得出跟踪目标的数据。多个信号综合后可得到被跟踪物体的 6 个自由度数据。根据所发射电磁场的不同，磁跟踪器可以分为交流电磁跟踪器和直流电磁跟踪器两种。

磁跟踪器的优点是电磁传感器没有遮挡问题，即发射器和接收器之间可以被物体遮挡，这在实际应用中极大地拓展了用户的移动范围。另外，磁跟踪器价格较低、精度适中、采样率高、工作范围大、体积小，人们可通过多个磁跟踪器联合跟踪复杂结构运动，因此它是目前最常用的空间位置跟踪定位设备。

2. 超声波跟踪器

超声波跟踪器根据不同声源的声音到达某一特定地点的时间差、相位差、声压差等来跟踪物体的空间位置。超声波跟踪器一般使用的声波频率在 20 千赫以上，人耳无法听到。根据测量方法的不同，超声波跟踪定位技术可以分为声波飞行时间测量法和相位相干测量法两种。前者原理与雷达相似，利用测量超声波从发出到反射回来的飞行时间计算目标准确的位置和方向；后者通过比较基准信号的相位与发射出去和反射回来的信号的相位来确定距离。

超声波跟踪器的优点是价格低廉、质量小、性能适中，不易受到外部磁场和大型金属物的干扰，适用于较小的工作空间；缺点是发射器和目标中间不能有遮挡物，而且超声波传播速度受介质密度影响，因此空气密度、温度、气压等外因也会对测量系统产生较大影响。

3. 光学跟踪器

光学跟踪器是目前常见的跟踪器。光学跟踪器的光源可以是自然光、激光或红外线，但为了避免对用户的视线造成干扰，一般多采用红外线光源。

光学跟踪器主要使用标志系统、模式识别系统和激光测距系统 3 种技术。标志系统分为自外而内结构和自内而外结构。前者通过传感器检测固定在目标上的发射器的运动，从而计算出目标的运动情况；后者通过固定在目标上的传感器观测固定的发射器，从而计算出目标自身的运动情况，常用于多用户作业，但对于复杂运动的检测效果不佳。模式识别系统是将发光器件按某一阵列排列，并固定在被跟踪物体上，由摄像机跟踪运动的发光二极管阵列的变化，然后与已知的样本模式进行比较，从而得出物体的位置。这种方式将复杂的运动抽象为固定模式的发光二极管点阵的运动，简化了对被跟踪物体的识别。激光测距系统是将激光通过一个衍射光栅发射到被跟踪物体上，然后接收从物体上反射回来的二维衍射图信号，这种反射的衍射图带有畸变，而这一畸变与距离有关，因此可以根据这一特性来测量被识别物体的位置。

光学跟踪器的优点是数据率高、处理速度快，适用于强实时性的场合，因此常被用于军事系统中；缺点是易受到视线阻挡且工作范围较小，不能提供角度、方向的数据而只能进行位置跟踪。

4. 机械跟踪系统

机械跟踪系统的工作原理是通过机械连杆装置上的参考点与被测物体相接触来检测其位置的变化。当用户碰触参考点导致其位置发生变化时，连接参考点的位置传感器就会将参考点的位移信息传递给计算机。

机械跟踪系统具有精细、响应时间短，不受声、光、电磁波等外界信号干扰等优点，而且该系统可以与力觉反馈装置组合在一起，形成可跟踪用户手势动作并为用户提供虚拟世界"触摸感"的交互式设备。但机械跟踪系统具有不便于携带和安装、复杂动作捕捉受限、成本高等缺点。

（四）面向自然的人机交互设备

虚拟现实系统作为人机交互系统，其真实性与交互性主要体现在人的各种动作、手势都能被计算机捕捉并被作为虚拟现实系统反馈的信号。当人完全沉浸在计算机建构的虚拟世界中时，常用的鼠标和键盘已丧失了作用，取而代之的是各种能主动捕捉用户躯体、手势变化的数字化设备，这些设备能够自然、流畅地接收用户的各种命令，进行三维、6 个自由度的操作，部分设备还能为用户提供包括触觉、视觉等感知在内的反馈信号。

1. 空间球

在电脑鼠标的演变过程中,曾经出现过上方有轨迹球的机械鼠标,该鼠标依靠联动机械的滚轴传递坐标信息,占用桌面空间小、定位精确。在虚拟现实世界中,命令范围不再局限于窗口平面,而是朝三维空间延伸,因此出现了能输出三维空间位置信息的空间球。空间球也称力矩球,通过装在球中心的几个张力器测量用户手部施加的力,并将测量值转化为 3 个平移运动和两个旋转运动的值传输至计算机中,计算机根据这些数值来改变其输出显示的图像。

空间球可以扭转、挤压、拉伸以及来回摇摆,从而提供包括宽度、高度、深度、俯仰角、转动角和偏转角 6 个自由度的虚拟现实场景的模拟交互,常用于虚拟场景中的自由漫游,或控制场景中某物体的空间位置及方向。

空间球的优点是简单耐用,易于表现多维自由度,便于对虚拟空间中的虚拟对象进行操作;缺点是不够直观,选取对象不是很明确,而且需要在使用前进行培训。

2. 数据手套

数据手套是 VPL Reasearch 公司在 1987 年推出的一种传感手套的专有名称。作为目前市面常用的多模式虚拟设备,数据手套不仅可用于虚拟场景中物体的抓取、移动、旋转等动作,而且可用于控制场景漫游。另外,通过搭载力觉反馈装置,数据手套还可实现用户亲手"触碰"虚拟世界的体验。数据手套的优点是体积小、质量小,而且用户感觉舒适、操作简单;缺点是成本高昂,长时间佩戴可能会导致手部不适,影响用户体验等。按功能可以将数据手套分为虚拟现实数据手套、力反馈数据手套两种。

(1)虚拟现实数据手套

现有的传感数据手套品种繁多,它们最主要的区别在于采用的传感器不同。例如,VPL 数据手套将光纤作为传感器,根据光纤环返回的光强变化,测量手指关节的弯曲程度。

虽然传感器各不相同,但数据手套的主要功能一致,即通过手指的弯曲和扭曲传感器、手掌的弯度和弧度传感器确定手及关节的位置和方向。当操作者戴着数据手套运动时,数据手套控制器可以输出手指各关节的位置信息,通过软件对这些信息进行处理,可进行虚拟场景中物体的抓取、移动、旋转等动作。

(2)力反馈数据手套

力反馈数据手套是传统数据手套和产生反馈力的驱动器的结合体,简单来说,就是传感器和驱动器的结合体。力反馈数据手套在虚拟现实系统中主要有两个作用：通过传感器测得人手的位置和姿态，并通过虚拟手再现；计算人手作用在虚拟物体上的作用力，并通过力反馈系统将物体的反作用力反馈到人手上。

3. 数据衣

数据衣是根据数据手套的原理研制出来的，是为了让虚拟现实系统识别全身运动而设计的输入装置。数据衣装有很多触觉传感器，可以根据需要检测出人的四肢、腰部的活动，以及关节的弯曲角度，然后由计算机重建图像。数据衣能对人体全身50多个不同的关节进行测量，再通过光电转换，使身体的运动信息被计算机识别；反之，衣服也会在人身上产生压力和摩擦力，使人的感觉更加逼真。数据衣具有延迟大、分辨率低、作用范围小、使用不便的缺点。另外，数据衣还存在着如何适应不同形体的用户，如何协调大量传感器的实时同步等诸多问题。随着相关技术的不断改进，数据衣将会在对人体运动的跟踪和模拟方面展现巨大的应用价值。

四、虚拟现实技术的基础研究

虚拟现实技术诞生于美国，最初是为了满足国防和航空航天的需要。随着计算机技术、传感器技术、信息处理技术，特别是图形显示技术的发展，虚拟现实技术已由娱乐与模拟训练领域向军事应用、城市规划、室内设计、文物保护、交通模拟、工业设计、医学研究、教育培训、科学计算可视化、虚拟现实游戏等不同领域发展。

（一）虚拟现实技术的特征

虚拟现实技术的三大主要特征，分别是沉浸性、交互性和想象性。

1. 沉浸性

我们经常用"身临其境"来形容梦境的真实，用"引人入胜"来形容某种环境的精彩程度，可见在塑造虚拟环境的过程中，吸引用户使用虚拟现实系统最关键的因素就是让用户有置身于真实世界的感觉。

沉浸性是指用户作为主角被虚拟世界包围，感觉好像完全置身于虚拟世界中一样。我们身处真实世界之中，通过五官和躯体全方位地感知这个世界。虚拟现实技术与此类似，其最主要的技术特征是让用户觉得自己是计算机系统所创建的虚拟世界中的真实一员。我们不再是上帝视角的旁观者，而是能看到虚拟世界中的阳光，闻到花朵的香气，听到泉水的轻响，摸到岩石的棱角，用现实生活中感知世界的经验感知虚拟世界，沉浸其中并参与虚拟世界的活动。理想的虚拟世界应该达到使用户难以分辨真假的程度，实现逼真的照明和音响效果。沉浸性主要包括以下几方面的特性。

（1）多感知性

沉浸性来源于对虚拟世界的多感知性，除了常见的视觉感知，还有听觉感知、力觉感知、触觉感知、运动感知、味觉感知、嗅觉感知等。但受目前虚拟现实传感技术的限制，虚拟现实技术具有的感知功能种类有限，而且其感知范围和精确程度都无法与人相比。

（2）自主性

自主性是指虚拟环境中的物体依据真实世界的自然规律或设计者设定的规律运动的程度。这就像自然世界中万物生长的法则：太阳每天东升西落，棕熊冬季冬眠，春季万物复苏。虚拟世界也应具有类似的自然规律，这些规律包括物理的、化学的、生理的以及心理的，大到虚拟环境中光照、阴影的安排，小到物体受力时的运动方向。

（3）其他特性

除以上方面，影响沉浸性的因素还体现在图像的深度信息方面，如图像表现是否与生活经验一致，画面的视野是否与人眼相配，画面跟踪的实时性，交互设备的约束程度等。

2. 交互性

交互性的产生涉及人与机器的感知与作用力的传递过程，即在用户接触虚拟环境中的物体时，能感知物体的各项物理属性，并能通过施加作用力改变虚拟环境中的物体。例如，用户可以用手直接去抓虚拟世界中的物体，这时手能感知物体的重量、形状和质感，并且场景中被抓的物体也能立刻随手的运动而移动。该过程主要借助于虚拟现实系统中的特殊硬件设备（如数据手套、力觉反馈装置等）来实现。需要注意的是，这里提及了交互性的一个重要的特性——交互的实时性，即当对虚拟环境中的物体施加某种动作时，该物体应该立即发生变化。

3. 想象性

想象性是指虚拟环境是人想象出来的，因此虚拟环境中的所有布置都应与设计者的思想相呼应，并用来实现一定的目标。虚拟现实技术不仅仅是一个用户与计算机沟通的媒体或一个高级用户界面，它还是开发者设计出来以解决工程、医学、军事等方面问题的应用软件。人们可以通过虚拟现实技术跨越时间和空间的限制，探索过去或未来发生的事件（如恐龙世界探险）；可以突破人体生理上的极限，在幻想世界中完成不可能完成的任务（在水底行走 10 000 千米或者在空中翱翔）；可以模拟某种极为特殊或复杂的环境，训练和测试参与者的体能与应变能力（模拟太空环境训练宇航员等）；还可以将独特的设计理念变成五彩斑斓的幻想世界展示在众人面前（通过虚拟现实系统实现室内外或景观的设计与仿真）。

虚拟现实技术在许多领域都发挥着十分重要的作用，如核试验、新型武器系统设计、医疗手术的模拟与训练、客机驾驶员的起降和平飞驾驶技术训练、自然灾害的模拟与预报等。如果用传统方法解决这些问题，必然需要花费大量人力、物力去反复进行情景重现、样机试验、改型试验等，而危险环境下的试验甚至可能造成人员伤亡。虚拟现实技术的引入，为这些问题的解决提供了新的思路，人们可以通过架构虚拟场景，依靠感知能力全方位地获取知识，或者通过计算机实验，替代或辅助产品的设计与开发，寻求解决问题的新方式。

另外，需要注意的是，虽然从观看者视觉角度来说虚拟现实技术与三维动画技术差别不大，但两者其实是两种不同的技术。三维动画是通过连续播放计算机预先处理好的路径上所能看到的静止照片而形成的，不具有任何交互性，用户只能按设计者的期望被动地看到设计者希望他们看到的景物；虚拟现实截然不同，它需要计算机实时计算场景，根据用户的需求向用户展现他们希望看到的场景。交互性是虚拟现实技术和三维动画技术最大的不同。

（二）虚拟现实技术的研究现状

美国对虚拟现实技术的研究一直处于世界领先水平，是全球研究最早、研究范围最广的国家，其研究内容涵盖新概念发展、单项关键技术以及虚拟现实系统实用化等多个方向。欧洲的虚拟现实技术研究主要由欧共体的计划支持，其中，英国在分布式并行处理、辅助设备设计（触觉反馈设备等）、应用研究等方面都有不错的进展；德国 FhG-IGD 图形研究所和德国计算机技术中心主要从事包括虚拟世界的感知、控制和显示，机器人远程控制，宇航员训练等方向的研究工作。在亚洲，日本在大规模虚拟现实知识库、虚拟现实游戏、医学辅助手术、虚拟场景立体显示、机器人仿生设计等领域都达到世界领先水平。

我国对虚拟现实技术的研究始于 20 世纪 90 年代初，与世界发达国家相比起步较晚，技术上还存在一定差距。但近年来我国的虚拟现实技术一直受到国家的高度重视，已形成"国家项目扶持—先进技术引进—学校科学研究—企业快速应用"的可持续发展链条。国内各高校的重点实验室也针对虚拟现实技术开展各项研究工作。此外，我国的研究机构与企业还积极地引进国外先进技术并进行自主创新，从最初医院引入增强现实微创手术引导系统、内窥镜手术术中定位技术，到深圳市中视典数字科技有限公司自主开发虚拟现实平台 Open VRP，我国已逐步走上产学研一体化的发展道路。

五、虚拟现实系统软件技术

虚拟现实系统需要功能强大的硬件支持，同时，相关的软件技术也是不可或缺的。例如，我们构建一个虚拟场景，如何在保证场景真实性的同时尽可能压缩数据，提高系统反应速度？解决这个问题仅依靠提升硬件设备是远远不够的，还需要提高系统"软实力"，这样才能提高整个虚拟现实系统的效率。

虚拟现实系统软件技术的内容非常广泛，主要包括三维视觉建模技术、实时动态绘制技术、三维虚拟声音技术、人机自然交互技术以及三维全景技术等。

（一）三维视觉建模技术

先介绍几种常用的建模软件。

三维建模技术是虚拟现实技术中一个非常重要的组成部分，也是目前计算机图形学中的研究热门。虚拟世界中的三维模型通常可由专业三维建模软件生成，常用的建模软件有 3DS Max、Maya、Creator 以及 Poser 等。

3DS Max 作为欧特克（Autodesk）公司推出的一款优秀的三维动画造型软件，集建模、材质制作、灯光照明、摄像机定位、动画设置及渲染输出于一体，提供了三维动画及静态效果图等全面完整的解决方案。该软件不仅功能强大，还具有极强的开放性，为用户提供了数以百计的外挂特效模块，使用户可根据自身工作需求对模块进行选配、更新或替换。另外，该软件价格相对低廉，已成为 PC 上最流行的三维建模软件，并被广泛应用于动画、游戏、效果设计等领域。

Maya 也是欧特克公司推出的一款先进的三维动画软件。Maya 不仅具有一般三维和视觉效果制作的功能，还融合了最先进的建模、数字化布料模拟、毛发渲染、运动匹配技术。3DS Max 强大的多边形建模灵活易用，非常适合用来制作效果图和游戏；而 Maya 制作效率极高，渲染真实感极强，强调细节，更适用于电影、大型游戏、数字出版、电视节目制作等。

Creator 是 MultiGen-Paradigm 公司推出的一款高度专业化工具，它主要帮助建模者创建高效的三维模型和地形。从用于军事的个人飞行和驾驶训练模拟到建筑项目的实景演示，Creator 显示了在交互式实景仿真中的应用前景。与 Maya 等软件相比，Creator 功能相对单一，但其具有先进的实时功能，如细节等级、多边形删减、逻辑删减、绘制优先级、分离平面等。

Poser 是 MetaCreations 公司推出的一款针对三维动物、人体造型和三维人体动画制作的软件。它能轻松地进行人体设计，并为三维人体造型添加发型、衣服、饰品等装饰，还能制作生动的动画作品。利用 Poser 进行角色创作的过程较简单，主要有选择模型、姿态和体态设计 3 个步骤。Poser 内置了丰富的人体和动物模型，并以库的形式将其存放在资料板中。通过对参数盘的设置，Poser 可以随意调整模型的姿态、体态，从而创作出所需的角色造型。

就像建房子一样，我们在建造一个虚拟世界时，需要先设计并建造房子的主体建筑，因此，大至房屋结构，小至门窗造型，都需要进行仔细考虑。人获取信息的能力主要依靠视觉，因此，一个虚拟环境的三维视觉建模是整个虚拟现实系统的基础，其真实感不仅取决于环境中各个物体的外形，而且取决于物体的物理属性是否符合用户的经验认知。

三维视觉建模可分为几何建模、物理建模、行为建模等。几何建模是基于几何信息来描述物体模型的建模方式，即通过计算机建模，使虚拟世界中的物体外形尽可能符合设计者的需要；物理建模涉及物体的物理属性，如将雨、雪等微小物体描述为粒子，将房屋等坚固的建筑看作刚体等；行为建模反映物体的物理本质及其内在的工作机理，如为物体添加重力，有生命的物体能够自主运动等。

1. 几何建模

几何建模是虚拟现实建模技术的基础，其研究对象主要是物体几何信息的表示与处理。几何建模不是简单的物体造型，它涉及表示几何信息的数据结构、相关的构造与操纵该数据结构的算法。构造虚拟世界的物体时，通常需要完成物体形状和外观两个方面的设计：物体的形状由所构造物体的各个多边形、三角形和顶点来确定，物体的外观则由表面纹理、颜色、光照系数等来确定。评价虚拟环境建模技术水平的 3 个常用指标主要有交互式显示能力、交互式操纵能力和易于构造能力。另外，模型还必须具备快速显示和构造能力。

几何建模可进一步划分为层次建模和属主建模。

层次建模利用树形结构来表示物体的各个组成部分，因此，较高层次构件的运动势必改变较低层次构件的空间位置。例如，挥动手臂时，肩关节的转动势必带动大臂的转动，大臂的转动会带动肘关节运动，从而影响到小臂和手腕的位置，因此，在设计中可将肩关节作为较高层次构件，而将手指作为较低层次构件。这种设计常用于描述具有相互联系的物体之间的运动继承关系。

属主建模让同一种对象拥有同一个属主，该属主包含了该类对象的详细结构，当要建立某个属主的一个实例时，只要复制指向该属主的指针即可。每一个对象实例是一个独立的节点，拥有自己独立的方位变换矩阵。在进行相似物体建模时通常采用这种方法。以汽车车轮为例，4个车轮拥有相同的结构，因此可以建立一个车轮的属主模型，当需要生成新的车轮实例时，只需创建一个指向车轮属主的指针即可。这种方法常用于具有相同结构且反复出现的物体建模，优点是简单高效、易于修改、一致性好。

2. 物理建模

物理建模在设计虚拟物体时需要考虑对象的物理属性。这些物理属性包括质量、重量、惯性、表面纹理（光滑或粗糙）、硬度、形状改变模式（弹性或可塑性）等特征，这些特征与几何建模和行为规则结合起来，形成更真实的虚拟物理模型。

典型的物理建模技术有分形技术和粒子系统。分形技术通过简单结构的随机重复，构建复杂的不规则物体，在虚拟现实中一般用于静态远景的建模；粒子系统包含粒子的位置、速度、颜色和生命期等属性，常用于火焰、水流、雨雪、旋风、喷泉等动态的、运动的物体建模。

3. 行为建模

几何建模与物理建模结合，可以部分实现虚拟世界中"看起来真实、动起来真实"的特征，而要构建一个逼真的虚拟世界，还需进行行为建模。行为建模负责描述物体的运动和行为，即虚拟世界中物体为什么要运动以及运动的规则。在进行三维建模时，需要赋予物体行为和反应，才能构筑一个富有生命力的虚拟环境。虚拟现实本质上是客观世界的仿真或折射，而客观世界的物体或对象除了具有表观特征（如外形、质感），还具有一定的行为或能力，并且服从一定的客观规律。例如，把桌面上的物体移出桌面，该物体不应悬浮在空中，而应当做自由落体运动，这是因为物体不仅具有一定外形，而且受到地心引力的作用。另外，对于有生命的物体，该模型还应该具有活动的自主性。行为建模就是在创建模型的同时，不仅赋予模型外形、质感等表观特征，还赋予模型物理属性和"与生俱来"的行为与反应能力，并且使其服从一定的客观规律。

（二）实时动态绘制技术

虚拟世界不仅要求物体建模几可乱真，还要保证场景画面能根据用户的视角变化做出同步更新，即立体画面必须随用户视线方向的改变、场景中物体的运动而实时刷新。

固定路线的场景漫游画面是固定的，其追求的是三维建模技术的图形真实感与高质量，对于每帧画面的绘制速度并没有严格的限制。在虚拟现实的三维场景建模过程中，用户出现的位置及移动方向并不固定，因此，在保证画面质量的同时，对图形的绘制速度有严格要求，这就需用限时计算技术来实现。

实时动态绘制技术是指利用计算机为用户提供能从任意视点及方向实时观察三维场景的手段。当用户的视点变化时，图形显示速度必须跟上视点的改变速度，否则就会产生迟滞现象，而要消除迟滞现象，计算机必须每秒生成15～30帧图像。图像帧速高而等待时间短是实时动态绘制技术期望的目标。

1. 基于几何图形的实时动态绘制技术

为保证三维图形的刷新频率不低于30帧/秒，在提高硬件系统配置的同时，还应采用合适的算法来降低场景复杂度。场景复杂度由三维建模过程中图形系统需处理的多边形数目决定。例如，在绘制树叶清晰可见的森林场景时，电脑需处理的多边形数目就远多于同样大小的沙漠场景，场景显示帧率明显下降。为解决这一问题，同时尽可能保证虚拟世界的场景质量，可通过脱机计算、场景分块、可见消隐、细节层次模型等技术降低场景复杂度，从而提高三维场景的动态显示速度。

（1）脱机计算

仔细分析某些单机游戏或网络游戏的过场动画时可以发现，部分场景动画中出现玩家控制的人物形象，需要进行实时计算；而另一些场景动画没有玩家参与，可进行提前绘制，需要时直接播出。虚拟现实技术中也采用类似的方法提高场景显示速度，即在实际应用中尽可能将一些可预先计算的数据预先计算好并存储在系统中，这样可加快运算速度。

（2）场景分块

我们站在客厅中时，看不见隔壁卧室内的场景，这一视觉效果被用于提高三维场景的动态显示速度，称为场景分块。场景分块是指一个复杂的场景可以被划分为多个子场景，各子场景之间几乎不可见或完全不可见。该方法常用于封闭空间中的场景建模，如将建筑物按房间划分为多个子部分等，但这种方法很难用于开放空间。

（3）可见消隐

假设我们站在宏伟的广场上，向左转时就看不到右边的情景。在三维场景的绘制过程中，仍可遵循这一原则，并通过消隐用户视线以外的物体以提高场景建模的运算速度。场景的可见消隐指基于给定点的视点和视线方向，决定场景中哪些物体的表面是可见的，哪些是被遮挡而不可见的。场景分块仅与用户所处场景位置有关，而可见消隐与用户的视点关系密切。假如用户仅能看见场景的很少一部分，那么系统需要显示的场景将大大缩小，但当用户视线不受限制时，此法无效。例如，坐在轿子中环游世界，只要不掀起轿帘，则系统只需显示轿子内部的环境；坐在敞篷车里环游世界，则系统需一直显示车外的环境。

（4）细节层次模型

我们在 1 米距离内观察一个盆栽和在 50 米外观察它，看到的细节信息是不一样的，这一视觉效果也被用于提高场景实时绘制速度中。细节层次模型是指对同一个场景或场景中的物体，使用具有不同细节的描述方法得到的一组模型。

2. 基于图像的实时动态绘制技术

传统图形绘制技术均是面向景物的几何图形设计的，它有很多优点，特别是场景中的观察点和观察方向可以随意改变而不受限制。由于绘制过程涉及复杂的消隐和光亮度计算过程，对于高度复杂的场景，现有的计算机硬件仍难以实时绘制简化后的场景，因此出现了基于图像的实时动态绘制技术。基于图像的实时动态绘制技术是用二维的场景图像来代替大的静态场景多边形网格，从而减少场景绘制的多边形数目。我们在游戏中经常看到的地图边缘的树木实际由十字交叉的平面树组成，这就是基于图像的实时动态绘制技术的一种表现。

该技术的优点如下：绘制速度与场景复杂性无关，而仅与所需生成画面的分辨率有关；预先存储的图像既可以是计算机合成的，也可以是实际拍摄的画面，而且两者可以混合使用；绘制技术对计算机资源的要求不高，可以在普通工作站和 PC 上实现复杂场景的实时显示。该技术的缺点是，用二维图像信息替代三维场景对象，不能满足用户与场景对象交互的需要。

基于图像的实时动态绘制技术主要采用 3 种方法来提高实时系统中场景绘制的帧速率：纹理映射技术，通过在几何模型表面进行纹理映射来表示模型表面的细节；布告板技术，通过屏幕空间排列的多边形图像来提高场景中静态对象（如游戏场景中的树等）的绘制效果；用几何模型的图像来替代场景中的三维几何体。

（三）三维虚拟声音技术

听觉是人们获取外部信息的第二传感通道，人们通过听觉获取的信息量仅次于视觉。我们捂住耳朵看电影,临场感将大大降低,但是,好的配乐能增强场景的感染力,弥补视觉效果上的不足。因此,在虚拟现实系统中加入虚拟听觉,既可以增强使用者在虚拟环境中的沉浸感和交互性,又可以减弱大脑对于视觉的依赖性,使用户能从环境中获得更多的信息。

虚拟现实中的三维虚拟声音与人们熟悉的立体声不同,虽然立体声拥有较强的临场效果,但是我们仍然感觉到声音是来自听者前面的某个平面,即声音没有方位感。虚拟现实系统中的三维虚拟声音,可能出现在用户的上方,也可能出现在侧方或后方,这种声音能使用户明显感觉到声音的位置,从而增强用户的沉浸感。

1. 三维虚拟声音系统的特征

三维虚拟声音系统的主要特征是全向三维定位、三维实时跟踪以及沉浸感和交互性。

(1)全向三维定位

全向三维定位是指在三维虚拟空间中把实际声音信号定位到特定虚拟声源处。我们在检查听力时可以分辨音叉的方位和距离。三维声音系统模仿声音在空气中传播的物理特性,并通过计算机模拟生成各种距离和方位的声音源。它能使用户准确地判断出声源的精确位置,因而符合人们在真实环境中的听觉方式。

(2)三维实时跟踪

三维实时跟踪是指在三维虚拟空间中实时跟踪虚拟声源的位置变化或影像的变化。当用户转动头部时,听觉也应随之变化,使用户感到真实声源的位置并未发生变化;而当虚拟发声物体移动位置时,其声源位置也应有所改变。因为只有声音效果与实时变化的视觉相一致,才可能产生视觉和听觉的叠加与同步效应。如果三维虚拟声音系统不具备这样的实时变化能力,看到的影像与听到的声音就会相互矛盾,听觉就会削弱视觉的沉浸感。

(3)沉浸感和交互性

沉浸感是指加入三维虚拟声音后,能使用户产生身临其境的感觉,声音效果与视觉效果一致,有助于增强临场感。交互性则是指随着用户的运动所产生的临场反应和进行的实时响应。例如,当人在虚拟世界中移动时,听到的鸟叫声会有远近的变化。这一特性的实现需要跟踪定位传感器、计算机、声音系统等的相互配合。

2. 心理声学基础

心理声学研究表明,声源产生的(直达)声波经头部等的散射后到达双耳,产生双耳时间差和声级差。听觉系统利用双耳时间差与过去的听觉经验进行比较，从而判断声源的方向。耳郭、面部和肩部等的散射声波与直达声波在耳道入口干涉所产生的频谱改变，以及头部转动所引起的双耳时间差的改变对定位也有重要的作用。在有限空间内，各种反射声的组合使听觉系统对周围声学空间环境产生一种综合的、总体的感觉，其中包括各声源的距离信息。因此，听者能够感觉到现实世界中来自前、后、左、右、上、下等不同方位的三维声效。

在现实世界中，人们利用一系列因素来判断声音的位置，这些因素包括声源的音量，左右耳间由距离、时间和声音频率变化产生的差异以及声音的衰减程度等。因此，听觉模型中三维虚拟声音的仿真集中于方向感、距离感、运动感等方面的研究和实现，合理、恰当地模拟这些因素才能符合三维虚拟声音的心理声学基础。

3. 语音识别与语音合成技术

目前，多数智能手机都可通过语音命令操控手机完成拨打电话等任务，这一功能的实现依赖于语音识别技术。语音识别技术是指将人说话的语音信号转换为可被计算机程序识别的文字信息，从而识别说话人的语音指令以及文字内容。语音识别一般包括参数提取、参考模式建立、模式识别等过程。

我们常用的文字朗读软件的功能则与之相反，它依靠电子音自动朗读用户输入的纯文本格式的文字信息，这采用的就是语音合成技术。语音合成技术是指将文本信息转变为语音数据，并将语音数据以语音的方式进行播放的技术。当计算机合成语音时，为保证听者能理解其意图并感知其情感，一般要求"语音"清晰、易懂、自然、具有表现力，其中，自然和具有表现力是该技术的难点，也是我们判断软件生成语音质量的重要评判标准。实现语音输出一般有两种方法：一是录音/重放，二是文/语转换。在虚拟现实系统中，语音合成是向用户提供信息的另外一条重要途径，它可以通过语音的形式将必要的命令和文字信息传递给用户，从而弥补视觉信息的不足。

将语音合成技术与语音识别技术结合起来，可以使用户与计算机所创造的虚拟环境进行简单的语音交流，这在虚拟现实系统中具有突出的应用价值，特别是当使用者的双手正忙于执行其他任务而双眼正注视图像时，语音交流的价值就尤为突出。

（四）人机自然交互技术

我们已了解了空间球、数据手套等人机交互设备，然而如何让人与计算机和谐、流畅地交换信息，则依赖于人机自然交互技术。虚拟现实系统中的人机自然交互技术主要是对三维自然交互技术的发展和完善，其应该支持包括视觉、听觉、触觉、嗅觉、味觉、方向感等在内的多通道交互。

多通道交互主要有视线跟踪、语音识别、手势输入、感觉反馈等多种交互技术。它允许用户利用多个交互通道，以并行、非精确的方式与计算机系统进行交流，旨在提高人机交互的自然性和高效性。

1.手势识别技术

影片中的特种士兵经常通过手势进行简单交流，手势作为肢体语言中重要的组成部分，构成了人机交互的基本方式之一。目前，国内外针对手势识别开展了大量研究，识别系统只需识别手部的形态、跟踪手掌及手指的位置，就可通过接收的手势下达命令。

根据识别对象的不同，手势识别技术可分为静态手势识别技术和动态手势识别技术。静态手势识别技术是指对于静态图片中的手形和手的姿势的识别；而动态手势识别技术是对连续的一连串手势进行轨迹跟踪或对变化中的手形进行识别，它要求较高的精确性和很高的实时性。

根据输入设备的不同，手势识别技术又可分为基于数据手套的识别系统和基于视觉图像的手语识别系统两种。

（1）基于数据手套的识别系统

基于数据手套的识别系统利用数据手套和空间位置跟踪定位设备来捕捉和检测手部在三维空间中的持续动作，通过分析手部位置、手指动作和朝向等，对手势进行分类，并读取手势信息。该识别系统的优点是识别率高，缺点是硬件设备价格高昂，而且用户需要穿戴复杂的数据手套和空间位置跟踪定位设备，这在一定程度上限制了人手的自由活动。

（2）基于视觉图像的手语识别系统

基于视觉图像的手语识别系统是伴随着数字图像处理技术、计算机视觉技术发展起来的新型手势识别技术。用户通过佩戴特殊颜色的手套，甚至多种颜色的手套来区分手的不同部位。摄像机采集手势图像后，系统通过边缘识别等算法读取手掌和不同手指的轮廓信息，最后与手势特征集数据库进行比对，以识别不同手势。该识别系统的优势在于摄入设备价格低廉，对用户的约束感稍小，但数据库中存储的手形、手势与实际用户的手形、手势不完全一致，而且手势在变化过程中容易出现遮挡，因此识别率较低、实时性较差，很难用于大词汇量的复杂手势识别。

手势识别技术的发展有助于改善聋哑人的生活和工作条件，也可用于计算机辅助教学、虚拟人研究、动画制作、医学研究、游戏娱乐等领域。

2. 面部表情识别

在日常生活中，人们习惯于通过面部表情表达自己的情绪。我们可以通过观察他人的表情了解对方的情绪，然而这一过程对计算机来说十分复杂。人脸识别技术作为计算机视觉领域的重要课题，一直是国内外的研究热点问题。根据研究目标的不同，人脸识别技术可细分为人脸快速提取、固定表情的不同人脸比对、同一人脸的不同表情识别等研究方向。人脸图像的分割、主要特征（眼睛、鼻子等五官）的提取、定位以及识别是人脸识别技术的主要难点。人的五官排布、面部表情都具有强烈的个人特质，因此，采用固定的表情特征集很难与不同用户的表情进行匹配。另外，识别效果还受光照、图像质量和人脸上的胡须等干扰因素的影响，因此，该技术还处于发展阶段，其识别准确率和实时性有待提高。在虚拟现实系统中，面部表情识别可划分为人脸的检测、定位与跟踪，人脸表情描述，以及人脸表情识别等一系列过程。

（1）人脸的检测、定位与跟踪

人脸的检测、定位与跟踪是一个从各种不同的场景中检测出人脸的存在并确定其位置、大小等信息的过程。对于视频图像，不仅要求检测出人脸的位置，还要求能够跟踪人脸。这一过程主要受背景、光照及头部倾斜度的影响。

（2）人脸表情描述

对已经被检测出的面部表情图像或数据库中的面部表情图像需要采取一定的方式进行表示，即面部表情的编码。描述表情可以使用原图像的灰度信息或频率信息，也可以使用基于图像内容的几何信息，还可以根据解剖学的知识建立物理模型来进行。人脸表情描述的方法应充分考虑所采用的表情识别方法，以达到最佳的识别效果。

（3）人脸表情识别

使用模式识别中的分类方法，可以将待识别的表情归到已知类别中的某一类。这一过程也是人脸表情识别的研究重点，其核心是选择与所采用的表情描述方式相符合的分类策略。

3. 眼动跟踪技术

目前，常用的立体眼镜或头部位姿定位追踪系统都可实现对用户头部位置及朝向的跟踪。但在现实中，可以不转动头部而仅仅通过视线移动来观察不同范围内的物体。因此，仅通过头部进行跟踪是不够科学的，而将眼动跟踪技术运用到虚拟现实系统中则可以弥补这一不足。

眼动跟踪技术的关键在于持续地追踪人眼球的运动轨迹，其基本工作原理是使用能锁定眼睛的特殊摄像机，利用图像处理技术，通过摄入从人的眼角膜和瞳孔反射的红外线连续地记录、分析视线的变化，从而实现对人眼视线的跟踪。目前，常用的视线跟踪方法有眼电图、虹膜—巩膜边缘、角膜反射、瞳孔—角膜反射、接触镜等，其中，基于瞳孔—角膜反射向量的视线跟踪方法应用得最为广泛。

我们通过五官的协同作用感受世界，因此虚拟现实也应为用户提供多通道信息。虽然目前视线跟踪技术仍不成熟，但作为人机交互手段的一种，眼动跟踪与头部跟踪等交互技术的结合，可进一步消除计算机在理解用户命令时可能出现的歧义，进而推动计算机、机器人、虚拟人等技术朝着智能化方向发展。

（五）三维全景技术

在建构三维虚拟世界时，用户体验的场景应该是连续而无缝的，即当用户旋转视角时，不应看到场景的断点，三维全景技术便是基于此而迅速崛起的。与采用电脑绘制建筑物模型，通过在其中架设摄像头，环绕拍摄形成360度场景图像的技术不同，三维全景技术的图像源自摄像机拍摄的真实街景，它通过计算机将街景图像拼接，最终形成360度全景图像。用户可以通过鼠标或键盘的上下、左右移动，将场景放大或缩小，从而模拟视角转动和移动的过程。由于画面来源真实、接缝处连贯自然、画面中的景物自带景深效果，用户可以在全景画面中任意环视、俯瞰和仰视，产生身临其境的感觉。

过去的三维全景技术依赖于硬件设备，价格高昂的全景摄像机虽然能够拍摄360度的高质量全景照片，但由于成本过高、设备有限，未能得到大范围普及。现在，随着计算机图像处理技术、网络技术、摄像机硬件设备的不断发展，三维全景技术朝着个人化、经济化、普及化的趋势迈进。畸变校正、图像拼接、图像融合等图像处理技术的发展将三维全景技术从高昂的硬件成本中解救出来。上至数码相机，下至智能手机，普通的摄像头也可制作精细的全景照片。

三维全景技术是一种比较实用的技术。相比通过计算机实现复杂场景的三维建模技术，三维全景技术的实现周期短、画面真实性强、硬件要求低，具有较强的商业应用前景。谷歌地图中的三维街景就是该技术实用化的典型体现。

1.三维全景技术的特点

三维全景技术是利用二维实景照片来建立虚拟环境的，它按照片"拍摄—数字化—图像拼接—生成场景"的模式来完成虚拟世界的创建，但并不是真正意义上的三维图形技术。三维全景技术具有以下特点。

（1）实地拍摄

全景图片不是利用计算机软件生成的模拟图像，而是通过摄像机实景拍摄而得的，在拥有照片级的真实感的同时，具有制作周期短、费用低的优势。

（2）交互性

相对于指定视角的三维场景游览，三维全景技术可以为用户提供360度无死角的场景全貌，使用户可以从任意角度观察场景。

（3）沉浸感

虽然摄像机拍摄的图像是平面化的，但可以对图像进行透视处理来模拟真实三维场景，使画面在保留真实细节的同时拥有一定程度的景深感，并使用户在游览过程中产生强烈的沉浸感。

（4）成本低

可依靠普通摄像机完成原始场景的拍摄工作，依靠普通计算机实现后期处理，制作周期短、成本低。另外，传输的文件不是三维场景，而是普通二维照片，因此文件较小、传输速度快，易于网络普及。

2. 三维全景技术的实现过程

三维全景图的制作过程主要包括图像拍摄、畸变校正、图像投影、图像拼接、图像融合等一系列过程。

（1）图像拍摄

全景图的原始图像可以由鱼眼镜头相机等专业摄像设备或普通数码相机拍摄获得。专业摄像设备包括全景照相机、鱼眼镜头相机等，通过这种方式获取的照片容易处理而且效果较好，但设备昂贵且用法复杂，不宜推广；普通数码相机价格较低、用户基础较好，虽然后期处理过程相对复杂，但随着数字图像处理技术的发展，已逐步成为大众选择的主流。

不同类型全景图的拍摄方法也不同。一种是定点拍摄，即将相机固定在三脚架上并向不同的方向旋转来进行拍摄；另一种是多视点拍摄，即相机可在不同的位置进行拍摄。在多视点拍摄过程中，应尽可能地使每张照片的亮度、色度、对比度的差异较小，并确保相邻照片之间有20%~50%的重叠，拍摄照片的数量可以根据景物的距离和重叠画面的大小来决定。

（2）畸变校正

鱼眼镜头拍摄的画面与人眼看见的不同，距离画面中心较远处的物体变形非常明显，这就是相机镜头的畸变效果。在拍摄照片时，相机的视场角越大，这种现象越明显。为保证后期拼接过程不受相邻照片的畸变影响，需要对照片中的径向畸变和切向畸变进行校正。

（3）图像投影

由于每幅图像是相机在不同角度下拍摄获得的，每张照片的中心都不相同。如果不进行柱面投影等变换，相邻图像拼接过程中就会出现"蝴蝶结"效应，即相邻图像边界应该出现变形的区域没有变形，这会破坏实际景物的视觉一致性。图像投影方式根据全景图形状可分为柱面投影、立方体投影和球面投影等。

（4）图像拼接

图像拼接是利用拍摄得到的具有部分重叠区域的图像序列，生成一个较大的甚至360度全景图像的技术。目前，图像拼接的方法较多，总体来说都是寻找相邻图像重叠区域中一致的关键特征（如相同的灰度区域、特征点、边缘形状等），通过分析它们的相对位置、方向、旋转角度，来判断相邻图像间的相对位置、方向和旋转角度关系，从而将相邻图像拼接成一个整体。

（5）图像融合

使用智能手机或数码相机拍摄全景图时，人或其他运动物体经过时会在某几张照片上留下身影，经软件拼接后可能在全景图中的某个位置生成一个虚影，这就是图像融合中的"鬼影"现象。除此以外，相邻图像之间的光照、亮度、对比度的差异也会导致全景图中色彩不统一的现象出现。为了解决拼接缝隙、相邻图像亮度变化等问题，可采用图像融合技术，通过边缘线裁剪、淡出淡入等方式获得清晰平滑的全景图像。

第四节　数字媒体水印制作技术

随着计算机技术的不断发展与进步，传统的数据加密手段越来越难以对数据安全提供有效的保护。同时，数据形式的多样化也使系统加密技术的运用受到了制约。通过对数字水印（digital watermark）技术的原理、定义和分类等内容的阐述，读者能够较全面地了解这种加密技术。

一、数字水印技术的特点与类型

数字水印技术是目前重要的数字版权管理技术。数字水印指的是一组数字信息，内有记录着知识产权拥有者的相关信息。在数字产品制造或发送时将数字水印嵌入数字产品内，将来在使用该数字产品时，数字水印可以被截取出来，以显示该产品的知识产权归属及使用是否合法。

（一）数字水印技术的特点

根据信息隐藏的目的和要求，数字水印技术具有如下特点。

第一，不可感知性。嵌入水印所引起的载体数据变化，在视觉或听觉系统上对于观察者而言应是不可察觉的。这是绝大多数水印算法所必须满足的基本要求。

第二，稳健性。稳健性（鲁棒性）是指在宿主体中嵌入秘密信息后，即便对该宿主进行一系列信号处理操作，包括但不限于滤波、有损压缩、打印及剪切等，嵌入的信息仍能够保持完整，不发生丢失。

第三，不可检测性。嵌入秘密信息后的宿主相较于原宿主的失真率较小，这使得恶意攻击者难以准确判断载体中是否含有隐藏信息。

第四，安全性。隐藏算法具有较强的抵抗恶意攻击的能力。

（二）数字水印技术的类型

关于数字水印技术的类型，可以从以下角度进行划分。

1. 按特性划分

按照数字水印技术的特性，我们可将其划分为鲁棒数字水印技术与脆弱数字水印技术两大类。具体而言，鲁棒数字水印技术主要用于在数字作品中嵌入著作权信息，如作者名称、作品序号等关键性内容，以确保版权的有效标识与保护。鲁棒数字水印技术要求水印能够在各种常见的编辑处理中保持稳定，即使经过压缩、裁剪、旋转等操作，水印信息依然能够清晰可辨。这种特性使得鲁棒数字水印技术在数字版权保护中起到了至关重要的作用，能够有效防止作品被非法复制、窜改或盗用。相比之下，脆弱数字水印技术则更加关注数据的完整性。与鲁棒数字水印技术的要求相反，脆弱数字水印技术必须对信号的改动非常敏感。这种特性使得脆弱数字水印技术在数据完整性验证中发挥了关键作用。例如，在数字签名、电子文档认证等场景中，脆弱数字水印技术能够帮助人们快速识别数据是否被窜改，确保数据的真实性和可靠性。

2. 按水印所附载的媒体划分

数字水印作为一种重要的信息隐藏技术，已经被广泛应用于各种数字媒体中。基于媒体类型的不同，数字水印可被细分为多个类别，包括但不限于图像水印、音频水印、视频水印、文本水印，以及适用于三维网格模型的网格水印等。这些不同类型的水印技术各具特色，为数字媒体的保护和版权维护提供了强有力的支持。随着数字技术的不断发展，未来还将出现更多种类的数字媒体和水印技术。这些新的技术将在数字媒体保护、版权维护、信息安全等方面发挥重要的作用。

3. 按检测过程划分

数字水印可基于检测过程的不同特点，划分为明文水印和盲水印两类。明文水印在检测时，必须依赖原始数据进行比对验证；而盲水印则无须原始数据参与，仅需使用特定的密钥即可进行检测。通常情况下，明文水印因其具有较高的鲁棒性而备受青睐，但在实际应用中，其却常常受到存储成本的限制。盲水印的实现主要依赖于特定的密钥，该密钥在水印嵌入和检测过程中都起着至关重要的作用。密钥的生成和管理，成为盲水印技术中最为关键的一环。一种常见的密钥生成方法是通过加密算法生成一串随机数字作为密钥，这种方法虽然简单，但存在着密钥泄露的风险。因此，如何设计一种既安全又高效的密钥生成和管理方案，是盲水印技术研究的重要方向。

二、数字水印制作的基本原理及过程

数字水印技术的思想根源可追溯至古代的密写术。早在古希腊时期，斯巴达人就巧用密写术传递信息。他们将军事情报刻在普通的木板上，利用石蜡将表面填平，使得密信在视觉上毫无破绽。收信的一方只需用火烤热木板融化石蜡，隐藏的信息便得以显现。密写术不断发展，使用的材料也越发丰富多样。牛奶、白矾、果汁等都曾作为密写药水的角色，化学密写也是最普遍、最广泛的密写方法。但人类早期使用的保密通信手段大多数属于密写而不是密码。密码技术主要通过复杂的算法和编码方式来保护信息，而密写术则更多地依赖于物理手段或特殊材料来隐藏信息。尽管密写术在历史上有着广泛的应用和深远的影响，但它始终未能发展成为一门独立的学科。究其原因，主要在于密写术缺乏必要的理论基础。相比之下，密码技术则建立在坚实的数学和计算机科学基础之上，具有更加严密和系统的理论体系。这使得密码技术在现代信息社会中得到了广泛应用和发展。

在数字化技术日新月异的当下，数字水印技术作为当前研究的热点，深受密写术思想的启发。近年来，随着信息隐藏技术理论框架的逐步成熟，密写术有望逐步发展成为一门严谨的科学，密写术有望在数字时代焕发出新的活力。

数字水印技术利用精细的算法机制，将特定识别信息嵌入多媒体内容之中。

为确保水印信息的安全性与可靠性，目前众多水印生成方案均汲取了密码学中的加密技术，如公开密钥与私有密钥体系。在具体实践中，这些方案还会根据实际需求，灵活采用单一密钥或多种密钥协同使用的策略。

三、数字水印制作技术的算法分析

近年来，数字水印技术取得了很大进步，出现了许多优秀的算法。根据数字水印加载方法的不同，我们将其划分为空间域数字水印算法和变换域数字水印算法两大类别。下面我们对若干具有代表性的算法进行深入剖析。

（一）空间域数字水印算法

早期的数字水印算法主要基于空间域，通过修改特定像素的灰度值，将需要隐藏的信息嵌入其中，直接将数字水印加载到数据上。这种方法具有简单、高效和易实现的优点，尤其是在恢复载体图像和水印信息时，几乎可以达到无损的效果。空间域数字水印算法可以进一步细分为以下几种方法。

1. 最低有效位法

最低有效位法是一种典型的空间域数据隐藏方法，该技术利用原始数据的最低有效位来嵌入隐秘信息，具体选择多少位则遵循人类听觉或视觉系统无法感知的原则。

2. Patchwork 方法及纹理映射编码方法

Patchwork 方法生成的水印能够抗图像剪裁、抗模糊化和抗色彩抖动。纹理映射编码方法指的是一种将数字信息隐匿于数字图像纹理细节中的技术手段。该方法主要适用于富含多样纹理区域的图像，但需注意，其尚无法实现完全的自适应。

3. 文档结构微调方法

这里提到的文档特指图像文档。在一般性的文档图像处理中，存在一种技术，即在不明显地调整文档内部结构的方式下，隐藏特定的二进制信息。这些操作旨在确保信息的隐蔽性，同时保持文档的整体外观不受影响，如水平调整字距、调整文字特性等。

空间域数字水印算法的主要优势在于其出色的抗几何失真能力。然而，该算法在抗信号失真方面存在较为明显的不足，这是我们在应用过程中需要注意的一个关键问题。

(二)变换域数字水印算法

变换域数字水印算法利用特定的数学变换,将原始的空间域数据转化为频域系数。在此过程中,需对欲嵌入的信息进行编码或变形处理,随后依据特定规则或算法修改选定的频域系数序列。最后,经由相应的反变换,将处理后的数据还原至空间域。常用的变换方法包括 DCT 法、离散小波变换法等。

1. DCT 法

DCT 法依托密钥技术,随机选定图像的部分分块,并在频域的中频部分进行微调,具体是对一个三元组进行轻微修改,以实现二进制序列信息的隐藏。之所以选择中频分量进行编码,是因为高频编码的脆弱性容易被多种信号处理方法破坏,而低频编码则因人眼对低频分量的高度敏感性,任何改变都容易被察觉。因此,中频分量成为一种理想的编码选择。DCT 法是常用的变换方法之一,其稳健性比空间域数字水印算法更强,且与常用的图像压缩标准兼容,因而得到了广泛的应用。

2. 离散小波变换法

经过小波变换处理的水印,在视觉效果与防御多种攻击的能力上均表现优异。因此,以离散小波变换域为基础的数字水印技术已成为当前研究的重点,并逐步取代 DCT 法,成为变换域数字水印算法的主导工具。依据人类视觉系统的照度掩蔽和纹理掩蔽特性,我们可以将水印巧妙地嵌入图像的纹理和边缘等难以察觉的部位。调整这些细节子图上的部分小波系数,便能有效嵌入水印信息。离散小波变换法是一种时间—尺度(时间—频率)信号的多分辨率分析方法,在时频两域都具有表征信号局部特征的能力,不仅可以较好地匹配人眼视觉特性,而且与 JPEG2000、MPEG4 压缩标准兼容。

第四章　数字媒体传播技术

数字媒体传播对象即受众，要使受众接收最佳的信息内容，关键是提高数字媒体传播技术的水准。本章为数字媒体传播技术，依次介绍了数字媒体传播基础、数字媒体传播中的流媒体技术、数字媒体传播中的通信与网络技术等方面的内容。

第一节　数字媒体传播基础

人类社会建立在信息交流的基础之上，信息传播是推动人类社会文明进步与发展的巨大动力。以数字化为鲜明特点，以计算机及网络为主要代表的新媒体，正在经历日益迅猛的发展，其应用领域也在不断扩大。数字媒体传播技术为数字媒体所包含的丰富多彩的信息提供了传递与交流的平台，是数字媒体技术至关重要的组成部分，是信息时代的生命线。数字媒体传播技术融合了现代通信技术与计算机网络技术，为数字时代的信息交流提供了更为快捷、便利和有效的传播手段。

一、数字媒体传播的特点

数字媒体传播指的是利用数字媒体技术来获取、存储、处理以及传输信息的过程。在这一过程中，信息的编码和解码都是由传播者和受众通过数字化方式实现的。数字媒体传播具有以下特点。

（一）互动性

数字媒体技术的革新彻底颠覆了传统大众媒体的单向传播模式，实现了双向互动式传播的新局面。在这一变革下，受众不再仅仅是信息的接收者，而是获得了更为广泛的自主权和选择权。因此，受众也可被视为信息传播的重要参与者。

（二）整合性

随着数字化技术的迅猛发展，我们进入了一个将以往"各自为政"的单类媒体逐步整合的时代。在数字化浪潮的推动下，传媒机构在采集、存储、处理、发送信息的各个环节上都发生了翻天覆地的变化。传统的报纸、杂志、广播、电视等媒体，如今已不再是孤立的存在。它们开始通过数字化技术相互融合，形成了一种全新的、多元化的媒体生态。这种生态不仅让信息传播更加迅速、便捷，还极大地丰富了信息的内容和形式。同时，信息网、电信网和电视网这3个原本相对独立的领域，也在数字化技术的推动下，出现了相互交叉及"三网合一"的趋势。在这一背景下，跨领域企业间的并购与整合也越发频繁。

（三）多样性

数字媒体已经深入人们生活的各个角落。它以独特的传播方式改变了传统媒体的单一信息传播模式，为现代社会带来了前所未有的便利性和多样性。在数字媒体的浪潮下，我们面对的不再是笼统的"大众"，而是日益细分的"分众"乃至"小众"。这些受众群体的需求多样化、个性化，而数字媒体凭借其独特的优势，恰好能够满足这种多元化的需求，使得信息的获取变得前所未有的便捷和灵活。

然而，正如任何技术产品一样，数字媒体也是一把"双刃剑"，它在为我们提供便利的同时，也带来了一些不容忽视的问题。例如，不良信息的泛滥是数字媒体传播过程中的一个突出问题，由于信息传播的快速性和便捷性，一些不实信息往往能够在短时间内迅速传播开来，对社会造成不良影响；数字媒体的普及使得公民隐私权更易遭到侵犯，在社交媒体上，用户的个人信息、行为习惯等往往被平台收集、分析，甚至被用于商业推广，给用户带来困扰。

二、传播系统与传播方式

（一）传播系统模型

信息论创始人、贝尔实验室的数学家香农（Shannon）与韦弗（Weaver）提出了传播的数学模型，这一模型不仅在传播技术领域得到广泛应用，也为传播过程模型打下基础。在技术上建立的传播系统模型，概括地反映了通信系统的共性。传播系统是传递信息所需要的一切技术设备的总和，由信息源与目的地、发送设备与接收设备以及传输媒介组成。

1. 信息源与目的地

根据信息源输出信号性质的不同，信息源可分为模拟信源和数字信源。模拟信源可以经抽样与量化变换为数字信源。数字信源的种类与数量越来越多，信息速率也在很大范围内变化，因而对传播系统的要求也各不相同。

目的地是信息最终要到达的地方。

2. 发送设备与接收设备

发送设备的基本功能在于实现信息源与传输媒介的有效匹配，即将信息源产生的消息信号变换为适宜传输的信号形式，送往传输媒介。这一变换过程涵盖了多种技术手段，而在需要频谱搬移的情境中，调制成为最常用的变换方式。

根据是否采用调制，可将传播系统分为基带传输和调制传输。基带传输是将未经调制的信号直接传送到传输媒介。调制传输是对各种信号变换方式后传输的总称。调制的目的包括将消息变换为便于传送的形式、提高性能（特别是抗干扰能力）和有效地利用频带 3 个方面。调制方式很多，在实际应用中常常采用复合的调制方式，即用不同的调制方式进行多级调制。

接收设备的基本功能是执行发送设备的逆操作，包括解调、解码等过程。它的核心使命在于，即便信号中存在干扰，也能精准还原出原始的信息内容。在处理多路复用信号时，接收设备还需负责解除多路复用，确保信号的正确分路。

3. 传输媒介

在信号从发送设备传递至接收设备的过程中，所涉及的媒介可以是无线的，也可以是有线的（含光纤）。在传输过程中，不可避免地会遇到各种干扰，如热噪声、脉冲干扰及信号衰落等。这些干扰和媒介本身的特性对信号变换方式的选择具有直接影响。

在多数传播系统中，信息的发送方同时也是接收方，双方需实时交换信息，实现双向通信。在此类系统中，双方均配备发送设备和接收设备。当双方拥有各自独立的传输媒介时，可独立进行信号的发送与接收；然而，若双方共享同一传输媒介，则需通过频率或时间分割的方式来实现信号的共享。此外，传播系统除完成基本的信息传递任务外，还需实现信息的交换。传输系统和交换系统共同构成一个完整的传播系统，乃至传播网络。

（二）传播方式

传播方式按消息传递的方向与时间可分为单工、半双工和全双工工作方式。

单工工作方式是指信息只能沿一个方向传输,一方固定为发送端,另一方则固定为接收端的工作方式,如广播、遥控等。半双工工作方式是指信息可以在一个信号载体的两个方向上传输,但是不能同时传输的工作方式,如工作在同一频点的对讲机等。全双工工作方式是指允许双方在两个方向上同时传输,相当于两个单工通信结合的工作方式,如电话等。

传播方式按数字信号排列的顺序可分为串序传输方式和并序传输方式。一般的数字传播方式大多采用串序传输方式,其只需占用一条通路。并序传输方式需要占用两条及以上的通路,如占用多条传输导线或多条频率分割的通路。

传播方式按照传递方式可分为单播、组播、广播、对等网络技术(也就是点对点的消息传递)。单播是指只向一个受信者传递消息,受信者可以随意控制自己播放的内容。组播通常也称为多播,它提供了一种给一组指定受信者传送消息的方法。广播是多点消息传递的最普遍的形式,它不限定受信者,但受信者只能选择播放的内容而无法控制其播放。对等网络技术的起源可追溯至文件交换技术,是一种允许不同计算机用户间直接进行数据或服务交换的技术,无须经过中继设备。该技术颠覆了传统的客户端/服务器模式,在对等网络中,每个节点都具有相同的地位,并兼具客户端与服务器的双重属性,得以同时扮演服务使用者和提供者的角色。对等网络技术的扩展性强,实现方式灵活多样。

第二节 数字媒体传播中的流媒体技术

一、流媒体的概念

流媒体又叫流式媒体,是边传边播的媒体,如音频、视频或多媒体文件等。它的传输方式不同于传统的下载方式,而是采用流式传输方式在互联网或企业内部网上进行播放。在播放前,流媒体并不需要下载整个文件,而只是将开始部分的内容存入内存,在计算机中对数据包进行缓存,以确保媒体数据连续、稳定地输出。

流媒体是采用流式传输方式的媒体格式,其数据流可即时传送并播放,仅在初始播放时稍有延迟。流媒体技术源于网络音频、视频技术的发展,是解决多媒体播放时带宽问题的"软技术"。流媒体技术较好地解决了互联网不能保证提供数字媒体信息业务的服务质量(即不能很好地实现实时性)和文件下载时间过长的问题。流媒体系统要比下载播放系统复杂得多，需要将网络通信和数字媒体数据采集、压缩、存储以及传输技术较好地结合在一起，才能确保用户在复杂的网络环境下得到较稳定的播放质量。

二、流式传输方式及优势

（一）流式传输方式

多媒体信息，尤其是音频和视频，已成为我们日常生活中不可或缺的一部分。然而，传输这些多媒体信息的方式却一直是技术界研究的热点。传统的下载方式和新兴的流式传输方式各有优劣，但在当今的网络环境下，流式传输方式因其独特的优势逐渐受到人们的青睐。

当用户通过下载方式获取多媒体文件时，需要等待整个文件从服务器传输到本地计算机上，然后才能进行播放。这种方式对于小文件来说可能不是问题，但对于音频和视频这种通常体积较大的文件来说，下载时间可能会变得非常长。在网络带宽受限的情况下，用户可能需要等待数分钟甚至数小时才能下载完一个文件。相比之下，流式传输方式为用户带来了更加流畅和即时的多媒体体验。在流式传输中，用户无须等待整个文件下载完毕即可开始播放。通常情况下，只需经过几秒或几十秒的启动延时，用户就可以欣赏音频或视频内容。这是因为流式传输采用了边下载边播放的方式，即在播放的同时，文件的剩余部分会在后台继续从服务器上下载。除了减少等待时间，流式传输还具有其他一些优势。例如，它可以有效地降低服务器的负载压力。因为用户只需下载并播放文件的一部分，而不是整个文件，所以服务器的带宽和存储空间都得到了更加合理的利用。

实现流式传输有两种方式，即顺序流式传输（progressive streaming transport，PST）与实时流式传输（real-time streaming transport，RST）。

1. 顺序流式传输

PST 是一种独特的媒体传输方式，它允许用户在下载文件的同时实时观看在线媒体内容。这种传输方式的核心特点是用户在任何时候都只能观看已经下载到本地磁盘的文件部分，而无法跳过或预览还未下载的部分。PST 的运作方式基于 HTTP，这意味着它无须依赖特殊协议或技术即可实现。因此，PST 经常被称为 HTTP 流式传输。这种传输方式特别适用于播放高质量但时长较短的媒体片段，如片头、片尾和广告等。然而，用户在观看这些媒体内容之前，通常需要经历一段时间的下载延迟，因为需要等待足够的数据被下载到本地磁盘才能开始播放。

PST文件通常存放在标准的HTTP或文件传输协议服务器上，这种管理方式既方便又高效。然而，PST并不适合播放长时间的媒体片段或需要随机访问的视频内容，如讲座、演说和演示等。这是因为PST不支持用户跳转或预览未下载的部分，而这些功能对于长视频和随机访问要求较高的内容来说是非常重要的。此外，PST也不适用于现场直播等实时媒体传输场景。PST无法根据用户的连接速度进行动态调整，因此在高速网络环境下可能会出现资源浪费的情况，而在低速网络环境下则可能导致播放不流畅或中断。

2. 实时流式传输

在数字媒体传输领域，实时流式传输和PST是两种常见的传输方式。尽管它们都是将媒体数据从服务器传输到客户端，但两者在传输方式、应用场景和技术要求上存在着显著的差异。实时流式传输是一种持续、实时的数据传输方式，非常适合用于现场广播和实时事件的传输。与PST不同，实时流式传输要求媒体信号带宽与网络连接保持匹配，确保传输的内容能够实时观看。为了保证实时流式传输的质量，需要使用特定的流媒体服务器，如Real Server、Windows Media Server和Quick Time Streaming Server等。这些流媒体服务器允许用户对媒体发送进行更高级别的控制，以确保传输的稳定性和流畅性。然而，与HTTP服务器相比，这些流媒体服务器的设置和管理更为复杂，需要更高的技术要求和专业知识。此外，实时流式传输还需要特殊的传输协议，如实时流协议或微软媒体服务器协议。

（二）流式传输方式的优势

在下载多媒体文件的同时进行播放的这种流式传输方式具备以下显著优势。

1. 缩短等待时间

流媒体文件的传输采用流式传输方式，实现边传输边播放，有效消除了用户必须等待文件完整下载至本地磁盘才能观看的困扰，显著缩短了用户的等待时间，提升了用户体验。

2. 节省存储空间

尽管流式传输仍需依赖缓存机制，然而其特性在于无须将全部内容下载至本地磁盘，从而显著降低了对缓存容量的需求。此外，通过采用独特的数据压缩技术，流媒体文件在确保播放质量的同时，实现了文件体积的缩减，有效节省了存储空间。

3. 实现实时传输和实时播放

流式传输方式能够实现现场音视频信号的实时传输和实时播放，被广泛应用于网络直播及视频会议等场景。

三、流媒体技术的原理

流媒体技术的基本原理是先从服务器上下载一部分音视频文件，形成音视频流缓冲区后实时播放，同时继续下载，为接下来的播放做好准备。下面介绍流媒体传输的网络协议和流媒体播放方式。

（一）流媒体传输的网络协议

随着互联网的快速发展，流媒体技术在现代生活中发挥着重要的作用。无论是观看在线视频、聆听网络音乐，还是参与实时视频会议，流媒体都在其中发挥着关键作用。然而，要实现流畅的流媒体传输，合适的网络传输协议是必不可少的。流媒体传输涉及多种网络传输协议，这些协议共同确保数据能够高效、稳定地从服务器传输到用户的设备。首先，互联网本身提供了多种多媒体传输协议，这些协议为流媒体传输提供了基础支持。国际互联网工程任务组作为互联网规划与发展的主要标准化组织，一直致力于设计支持流媒体传输的协议。其中，最为核心的是实时传输协议和实时传输控制协议。除此之外，国际互联网工程任务组还定义了实时流协议。实时流协议是一种定义一对多的应用程序如何有效地通过IP网络传送多媒体数据的协议。

1. 实时传输协议

实时传输协议是针对多媒体数据流的一种网络传输协议。该协议设计为一对一或一对多的传输模式，其核心目标在于提供精确的时间信息并实现流同步。在实际应用中，实时传输协议常常将用户数据报协议作为数据传输的载体，但同样也可以在传输控制协议和异步传输模式协议等其他协议之上运行。值得注意的是，实时传输协议本身并不具备确保数据包按顺序传输的可靠机制，也不提供流量控制或拥塞控制功能。这些服务的实现，依赖于实时传输控制协议的支持。

2. 实时传输控制协议

实时传输控制协议和实时传输协议一起协作，为顺序传输数据包提供可靠的传送机制，并提供流量控制或拥塞控制服务。实时传输控制协议是一种提供端对端传输服务的实时传输协议。实时传输控制协议可以监视数据传输质量，控制和鉴别实时传输协议的传输。它依靠反馈机制，根据已经发送的数据包对带宽进行调整和优化，从而实现对流媒体服务质量的控制，使之最大限度地利用网络资源。

3. 实时流协议

实时流协议是由 Real Networks 和 Netscape 公司共同提出的。实时流协议在体系结构上位于实时传输协议和实时传输控制协议之上，它使用实时传输控制协议或实时传输协议完成数据传输。实时流协议是与 HTTP 十分类似的一个应用层协议，但它们之间也有不同之处。首先，HTTP 是无状态协议，而实时流协议则是有状态协议，因为实时流协议服务器必须记录用户的状态以保证用户请求与流媒体的相关性；其次，HTTP 是不对称协议，客户端只能发送请求，服务器只能回应请求，而实时流协议是对称协议，客户端和服务器都可以发送和回应请求；最后，HTTP 传送 HTML，而实时流协议传送的是多媒体数据。

实时流协议构建了一个可扩展性强的框架，为实时数据的受控传输与按需播放提供了有力支持。该协议的核心目标在于控制多个数据发送连接，为选择恰当的发送通道（诸如用户数据报协议、组播用户数据报协议和传输控制协议等）提供指导，并为用户选择基于实时传输协议的发送机制提供切实可行的方案。

4. 资源预留协议

资源预留协议是在互联网上开发的一种资源预订协议，它属于传输层协议。资源预留协议通过预留一部分网络资源（即带宽），能在一定程度上为流媒体的传输提供服务质量（QoS）。为了完成多媒体通信服务，资源预留协议必须与其他实时传输协议（如实时传输协议、实时传输控制协议等）进行配合。

（二）流媒体播放方式

流媒体播放方式主要分为单播、点播与广播、组播等几种形式。

1. 单播

单播是指在客户端与媒体服务器间构建一个单独的数据通道，确保从单一服务器发送的每个数据包仅传输至一个客户端。在此过程中，每个用户需单独向媒体服务器发送请求，服务器则需传送用户所申请的多媒体数据包副本。然而，单播方式会产生显著的冗余数据，不仅加重了服务器的处理负担，导致服务器响应速度减慢，还可能引发服务器无响应的情况。

2. 点播与广播

点播指的是客户端主动与服务器建立起的连接。在此过程中，用户通过选取特定的内容项目来启动客户端与服务器之间的连接。一旦连接建立，用户便能够灵活地控制流媒体的播放，包括开始、停止、后退、快进以及暂停等功能。点播为用户提供了对流媒体最大限度的控制权。然而，由于每个客户端都需要单独与服务器建立连接，这种方式可能会迅速消耗网络带宽资源。点播可以更合理地满足用户的要求，是目前广泛采用的播放方式。

广播是指用户只能被动地接收数据流的一种通信方式。在此过程中，客户端虽然可以接收数据流，但无法对其进行任何形式的控制，如暂停、快进或后退等。具体而言，广播会以数据包的形式向网络上的所有用户发送相同的副本，而不考虑用户的具体需求。这种通信方式往往会造成网络带宽的极大浪费。

3. 组播

无论是单播还是广播方式，均存在网络带宽浪费问题。为了更有效地利用网络带宽资源，应采用组播方式。组播方式巧妙地避免了单播与广播两种方式的缺陷，仅将数据包的一个副本发送给真正需要的用户。通过这种方式，组播不仅避免了不必要的数据包复制和网络传输，同时也确保了不需要数据包的用户不会收到无关信息。因此，组播方式极大地优化了对网络带宽的利用，为多媒体应用提供了更为经济高效的网络环境。

组播网络是运用 IP 组播技术构建而成的具备组播能力的网络，允许路由器一次性地将数据包复制到多个通道。在组播方式下，单一服务器能够同时向数十万台客户端发送连续数据流，且无延迟现象。媒体服务器仅需发送一个信息包，而非多个，所有发出请求的客户端均可共享此单一信息包。信息可发送至任意地址的客户端，从而有效减少网络上传输的信息包总量。因此，组播方式的网络利用效率得到显著提升，进而大幅降低运营成本。

第三节　数字媒体传播中的通信与网络技术

一、光纤通信技术

光纤通信是利用光导纤维传输信号实现信息传递的一种通信方式。实际应用中的光纤通信系统使用的不是单根的光纤，而是许多光纤聚集在一起组成的光缆。光纤通信系统普遍采用数字编码和强度调制—直接检测（IM-DD）通信系统。

（一）SDH 光纤系统

同步数字体系（synchronous digital hierarchy，SDH）终端复用设备将各种业务信号码流按照同步传送模块的结构规范组成 SDH 信号码流。SDH 光纤系统是在光缆上以 SDH 规范的速率实现数字线路段的手段，它由线路终端、光缆线路段和再生器（如果需要）组成。SDH 的速率系列为 155 兆比特/秒、622 兆比特/秒、2.5 吉比特/秒、10 吉比特/秒和 40 吉比特/秒等。

SDH 光纤系统因其卓越的传播速率和巨大的容量，成为数据传输的重要选择。因此，相应地也要重视 SDH 光纤系统的生存性问题。一种常见的保护方式是采用 1+1 或 1：N 备份保护。在 1+1 备份保护中，两条完全独立的光纤线路同时工作，当主用线路出现故障时，备用线路会立即接管业务，确保数据传输不受影响。在 1：N 备份保护中，一条主用线路与多条备用线路相连，当主用线路出现故障时，可以从备用线路中选择一条进行替换，从而恢复业务。除了对光纤线路进行保护，还需要对网络路由进行保护倒换。当网络中的某个节点或链路出现故障时，通过预先设定的保护路由，可以迅速地将业务流量引导到备用路径上，避免业务中断。

SDH 光纤系统的自愈保护方法主要涵盖路径保护与子网连接保护两种机制。路径保护机制在工作路径发生故障时，能够迅速切换至预设的保护路径，确保数据传输不受影响。在此过程中，路径终端负责提供当前路径的状态信息，而保护终端则负责提供受保护路径的状态信息，这些信息是触发保护机制的关键依据。子网连接保护机制则在工作子网连接出现故障时，通过激活子网连接来恢复网络联通性。这种保护策略可应用于网络中的任何层级，并且被保护的子网连接可以由更低等级的子网连接和链路连接级联而成。

（二）密集波分复用技术

目前，在实验室利用电时分复用技术已实现 40 吉比特/秒的 SDH 光纤系统，但再往高速率发展会越来越困难。密集波分复用技术是利用单根光纤传输多个波长的超大容量光传输技术。密集波分复用系统每个波长间隔为纳米级，当波长间隔进一步缩窄后就变成光频分复用。密集波分复用系统中的关键器件有光纤放大器、色散补偿器、密集波分复用分波器/合波器和窄光谱高稳定度激光器。密集波分复用技术作为进一步提高光纤传输容量的方法，不但传输容量极大，而且承载业务透明，即不同种类、不同速率和制式的信号，不需要接口变换就能各自利用密集波分复用技术的一个波长一起传输。因此，密集波分复用系统容易实现平稳升级，可随需求逐步增加波道，组网灵活，能节省投资。

（三）全光网络

传送网是一个由传输系统和传输节点构成的分层网络。它的发展趋势是向着光、电分层方向演进，并最终实现高层全光网络和光联网的目标。

在全光网络的初始阶段，光交换可能基于电路交换技术。随着技术的发展，光交换逐渐转向光标记交换，即采用类似于多协议标记交换的技术，以提高光数据包的转发速度，解决光器件响应速度慢的问题。

在光传输方面，研究与发展光时分复用技术。鉴于电时分复用速率已趋近电子电路的物理极限，我们可以运用光时分复用技术将多路光孤子进行复用，从而实现更大容量的光传输。光时分复用技术运用锁模激光器生成重复频率超过100吉赫的超窄光脉冲，以此作为系统时钟。通过光时钟脉冲，我们得以精确控制全光复用器和去复用器，进行光脉冲的复用与去复用操作。

光联网的基础在于光分组化与 IP 的一致性，以及密集波分复用技术的业务汇集能力。光联网的光传输层和数据业务层均具备联网功能，从而有效消除了由电子设备导致的节点瓶颈，进一步增强了网络的透明性、可重构性和可扩展性。

二、接入网技术

随着信息通信技术的快速发展，通信需求从单一语音通信逐渐转向多媒体通信，通信网与用户之间的"最后一公里"已成为全网数字化与宽带化的核心挑战。为有效突破这一瓶颈，需要采取创新的接入网技术作为解决方案。

（一）接入方式

接入网主要分为有线接入和无线接入两类。有线接入分为铜缆接入、光纤接入、混合接入、无线接入等多种方式。

1. 铜缆接入

在已有的铜缆用户线基础上实现较高速率的业务接入具有现实意义，其中，用户线对增容技术、高速数字用户线技术和非对称数字用户线（ADSL）技术都是常见的解决方案。

2. 光纤接入

光纤接入是指利用光纤传输系统，从光接入节点到业务提供点进行全面覆盖的技术。根据不同的应用场景和用户需求，光纤接入主要包括灵活接入系统、无源光网络以及 SDH 接入系统等多种类型。在光接入节点的位置方面，光纤接入技术可以分为光纤到户、光纤到路边、光纤到小区、光纤到大楼以及光纤到办公室等多种类型。这些技术类型各具特色，能够满足不同用户的接入需求。SDH 接入系统极宽的带宽以及与中继传输网、骨干传输网的紧密配合，特别适合大集团用户的专线接入。相比之下，其他几种光纤接入系统的带宽虽然较窄，但它们在组网灵活性、扩大覆盖范围以及适应多种用户和带宽需求多样化的小区接入方面具有独特优势。

3. 混合接入

在信息技术飞速发展的今天，网络接入技术也在不断革新。其中，混合接入技术主要利用光纤将网络信号传输到路边或大楼，再通过同轴线或非对称数字用户线等技术接入家庭或企业，实现网络的高速、稳定连接。混合接入技术主要包括混合光纤/同轴网或混合光纤/非对称数字用户线两种方式。

4. 无线接入

无线接入是在接入网的某一部分或全网中融入无线传输媒介，旨在向用户提供固定及移动终端业务的接入方式。无线接入方式分为固定无线接入方式与移动无线接入方式两种。

（二）主要的有线接入技术

接入网将沿着光纤化、SDH 化、分组化、宽带化、广覆盖、增加业务透明性的方向发展。目前，主要的技术手段如下：利用开放的 V5（国际电信联盟电信标准分局制定的交换机和用户接入网之间的开放式接口标准）接口，使接入网相对独立于公共交换电话网络/综合业务数字网交换机；采用 xDSL（各种类型的数字用户线路的总称）技术充分利用现有铜线资源提供高速数据传输；以无源光网络实现配线段和引入线光纤化，使接入成本趋近于铜线；用混合光纤/同轴网对有线电视网进行双向改造。

1. V5 接口

V5 目前主要有 V5.1 和 V5.2 两种，可支持公共交换电话网络、综合业务数字网等业务类型的接入。

2. xDSL

xDSL 主要有高速数字用户线和非对称数字用户线。高速数字用户线技术是一种利用铜线进行双向对称高速数据传输的新技术,可以在 2~3 对双绞线上全双工地传输 $N \times 64$ 千比特/秒或 2 兆比特/秒的数据信息,传输距离为 3~5 千米。高速数字用户线技术采用了 2B1Q 编码技术及高速自适应数字滤波等数字信号处理技术来均衡全部频段上的线路损耗,消除了杂音和串音,从而实现了基群速率。非对称数字用户线技术是利用一对双绞线以上行、下行不同速率的方式实现双向传输的技术。下行速率可达 8 兆比特/秒,上行一般仅为每秒几百兆,适用于电视点播等业务。

3. 无源光网络

无源光网络是一点对多点的系统,其本身是由光纤和分光器以及相应的传输设备构成的传送和分配光功率的网络。当前最常用的是一根光纤和分光器做下行,另一根光纤和分光器做上行的全双工双向传输方式。在无源光网络中传输的信号速率为 51.2 兆比特/秒。

4. 混合光纤/同轴网

混合光纤/同轴网是一种以模拟频分复用技术为基础,综合运用模拟和数字传输技术、光纤和同轴电缆传输技术、射频技术的宽带用户接入网。主干系统使用光纤传输高质量的信号,配线部分使用树状拓扑结构的同轴电缆系统,传输和分配用户信息。混合光纤/同轴网是在有线电视网络基础上发展起来的能同时提供下行有线电视业务和双向语音、数据及数字图像等交互型业务的网络。

三、数字蜂窝移动通信技术

数字蜂窝移动通信系统是应用最为广泛的移动通信系统,且所涉及的技术领域最广,技术也最复杂。数字蜂窝移动通信系统由移动业务交换中心、基地站、移动台及与市话网相连接的中继线等组成。移动业务交换中心完成移动台与移动台之间、移动台与固定用户之间的信息交换转接和系统管理。基地站和移动台均由收发信机及列线、馈线组成。每个基地站都有移动的服务范围,称为无线小区。无线小区的大小由基地站发射功率和天线高度决定。通过基地站和移动业务交换中心,任意两个移动用户之间可以进行通信;通过中继线与市话局的接续,移动用户与市话用户之间可以进行通信。

四、卫星通信技术

卫星通信技术是一种将人造地球卫星作为中继站来转发无线电波，实现两个或多个地球站之间通信的方式。自20世纪90年代以来，卫星通信技术取得了迅猛的发展，这一进步不仅推动了天线技术的持续革新，还使得卫星通信技术在全球范围内得到了广泛的应用。卫星通信的覆盖范围极广，无论是在陆地、海洋还是在高空中，只要有适当的接收设备，都能够与卫星建立连接，实现通信。这种广泛的覆盖能力使得卫星通信技术在偏远地区、海上作业、航空交通等领域具有不可替代的优势。同时，卫星通信的通信容量巨大，可以传输大量的语音、数据、图像等信息，满足了现代社会对信息传输速度和容量的高要求。在传输质量方面，由于卫星通信技术采用高频段进行传输，信号受到的干扰较小，传输质量稳定可靠。此外，卫星通信技术还具有组网方便、迅速的优势，可以在短时间内建立起覆盖全球的通信网络，为国与国之间的信息传递提供了极大的便利。

随着卫星技术和通信技术的发展，通信卫星的容量和功率越来越大，在轨卫星数量越来越多，每颗卫星承担的业务种类也越来越多样化。与其他通信手段相比，卫星通信具有许多优点：一是电波覆盖广泛，通信距离远，且支持多址通信功能；二是传输频带宽，通信容量可观；三是卫星通信具有高度的稳定性和优质的通信质量。

卫星传输的主要限制是传输时延较长。在卫星通话中，接收方需要等待一段时间才能听到对方的回应，这是由于无线电波从地球站发送到卫星再传回地球站的传输路径长达8万多千米。因此，一问一答的无线电波需要往返约16万千米，造成大约0.6秒的传输延迟，这种现象称为"延迟效应"。这使得卫星电话的使用体验往往不如地面长途电话那样自如。

卫星通信，即利用人造地球卫星充当中继站转发无线电信号，以实现两个或多个地面站之间的通信联络。地球站是指设在地面、海洋或大气层中的通信站，习惯上称为地面站。通信卫星是沿轨道飞行的无线电波中继站。卫星上转发信号的最基本的单元是转发器。地球上卫星地面站的上行发送装置借助于指向卫星的抛物面天线发送信号到转发器。转发器将信号放大再移至另一频率上（避免对输入信号的干扰），并发送回地球。地面站的下行抛物面天线和接收机捕捉到信号后，先进行接收，再按各自的方式传送，也可实现多个地面站的相互通信。卫星转发器按其功能特点可分为透明转发器和处理转发器两类。透明转发器在接收到地面站信号后，主要执行基本的信号处理任务，包括信号的放大、变频以及功率放大，而不对信号进行其他复杂处理。因此，这类转发器更适用于模拟卫星通信系统的应用环境。相对而言，处理转发器不仅具备信号转发功能，还引入了信号处理和再生功能，这使得处理转发器在数字卫星通信系统中具有广泛的应用前景。

空间频段和可用的轨道位置都是很有限的资源，国际电信联盟对卫星应用的各个频段有详尽的建议，世界无线电管理委员会定期召开会议来实施对无线电频带使用的管理，并确定卫星的轨道位置，而国际频率注册组织则负责轨道上卫星的位置及其使用频率的分配。

与其他通信技术一样，卫星通信也将数字化技术作为一种充分利用有限频带的方法，以大大提高频率资源的利用率。星上处理技术已允许实现国际互联，支持一系列计算机软硬件平台，极大地提高了信息传送效率，减少了传输时间。

卫星通信中常用的多址方式有频分多址、时分多址、码分多址及最早使用的空分多址等。空分多址的基本特征是卫星天线有多个点波束，分别指向不同的区域地球站，可以利用波束在空间的差异来区分不同的地球站。这4种多址方式各有特点，各有不同的适用场合。

以数字媒体和互联网业务为主导的宽带卫星系统已成为当下发展的热点。目前，人们正在积极开发新一代的宽带卫星网络，旨在提供高速互联网和多媒体业务。

五、无线网络技术

随着科技的飞速发展，无线网络和移动网络已经渗透到我们生活的每一个角落，它们以 IP 技术为基础，与互联网紧密相连。这使得各种移动和无线终端得以通过无线方式接入互联网，从而轻松地获取各种信息服务，并在互联网平台上进行便捷的通信。无线网络技术主要包括移动网络接入、固定无线接入和无线局域网技术等。移动网络接入，如我们常见的手机网络，通过基站实现移动设备与互联网的连接。固定无线接入则通过无线方式将固定设备连接到互联网，如无线宽带接入等。无线局域网技术，如 Wi-Fi，则允许设备在短距离内无须线缆即可实现网络连接。

在信息服务类型方面，移动互联网已经实现了与固定互联网的深度融合。无论是社交娱乐、新闻资讯、在线购物，还是教育医疗、金融服务等，移动互联网都为用户提供了前所未有的便捷体验。用户可以随时随地通过手机、平板电脑等终端设备,轻松访问各种在线服务,享受信息时代的便捷。

六、下一代网络技术

NGN(new generation network)也称新一代网络,是一种分组网络,具备提供电信业务和其他多样化服务的能力。该网络运用多元化的带宽和高质量的传输技术,实现了业务功能与底层传输技术的有效分离。用户可自主选择接入不同的业务供应商网络,并享受通用移动性,从而确保业务使用的一致性和统一性。NGN技术以软交换技术为核心,构建了一个综合开放的网络架构,支持语音、数据、视频和多媒体业务的融合与发展,它代表着通信网络的未来发展方向。

(一)网络功能

经过对网络功能层次的深入分析,NGN在垂直方向上,自上而下分别由业务层、控制层、媒体传输层和接入层构成。在水平方向上,NGN应全面覆盖核心网、接入网以及用户驻地网,以实现全面的网络覆盖和服务能力。这种层次化的结构设计有助于确保NGN的高效、稳定和可靠运行,同时可满足用户不断增长的网络需求和服务要求。

1. 业务层

业务层致力于向网络提供多元化应用与服务,致力于为用户提供全面的智能化业务解决方案,并可根据用户需求进行个性化的业务定制。它相当于人的脸,是用户最能直接感受到的部分。

2. 控制层

控制层在通信网络中负责处理各种呼叫控制工作以及传送相应的业务处理信息。控制层的核心设备是软交换设备,它具备强大的功能,能够发挥呼叫的处理控制、接入协议适配、互联互通等综合功能,为整个网络提供全面的应用支持平台。它相当于人的大脑,指挥着整个身体的运作。

3. 媒体传输层

媒体传输层作为软交换网络的承载基础,主要由IP路由器等骨干传输设备构成,形成一个包交换网络。该层的主要职责是确保数据的稳定、高效传输,为上层应用提供可靠的通信支持。媒体传输层就好比人体的血管,媒体包相当于血液,正是有了血管的承载,血液才能传送到身体的各个部位。

4. 接入层

接入层作为连接现有各类通信网络与 IP 核心层的桥梁，为用户提供了多样化的接入方式和终端设备选择。接入层的主要任务是实现与现有各种类型通信网络的互通，还需要为各类通信终端提供接入 IP 核心层的能力。这些通信终端设备包括但不限于模拟话机、会话初始协议电话、PC 电话可视终端以及智能终端等。接入层就好比人的四肢，做的任何一个动作都会将信号发送给大脑。

（二）关键技术

NGN 的八大支撑技术为 IPv6、光纤高速传输、光交换与智能光网、宽带接入、城域光网、软交换、IP 终端和网络安全技术。

1.IPv6

在深入探讨 NGN 技术时，我们不得不提及其基于的核心协议——IPv6。IPv6 相较于 IPv4 提供了近乎无限的地址数量，满足了设备连接需求，为物联网时代奠定了基础。IPv6 提高了网络吞吐量，优化了数据处理和传输机制，实现了更高的速度和更低的延迟，为高清视频流和大型在线游戏等应用提供了流畅体验。IPv6 改善了服务质量，通过引入流控制和优先级机制，确保关键业务数据在拥堵时得到优先处理。此外，IPv6 增强了安全性，内置加密和身份验证机制，可以防范网络攻击和数据泄露。IPv6 还支持即插即用和移动性，方便用户在更换网络或移动设备时实现无缝连接。

2. 光纤高速传输

NGN 需要高速率、大容量，目前最理想的传输媒介是光，因为利用光谱才能提供足够的带宽。光纤高速传输技术正朝着扩大单一波长传输容量、超长距离传输和密集波分复用系统 3 个方向发展。

3. 光交换与智能光网

在信息技术日新月异的今天，仅仅依赖高速传输已经无法满足现代通信网络的需求。NGN 技术迫切需要一个更加灵活、高效的光传送网来支撑其庞大的数据传输和复杂的网络应用。随着科技的不断进步，组网技术正在经历一场深刻的变革，正由传统的具有分插复用和交叉连接功能的光联网向利用光交换机构成的智能光网迈进。传统的环形网结构正逐步被网状网取代，这种网状结构使得网络节点之间的连接更加灵活多变，能够适应不断变化的业务需求。同时，智能光网的出现，为现代通信网络带来了诸多好处。在容量灵活性方面，智能光网能够根据实际需求动态调整网络资源，实现资源的优化配置，从而满足各种不同的业务需求。从成本有效性的角度来看，智能光网通过提高资源利用率、降低能耗等方式，有效降低了网络运营成本，为企业带来了实实在在的经济效益。此外，智能光网还具备出色的网络可扩展性和业务灵活性，能够轻松应对网络规模的快速增长。智能光网还为用户提供了自助服务的能力，用户可以根据自己的需求灵活调整网络配置，实现个性化的网络服务。

4. 宽带接入

在信息时代，网络作为连接世界的纽带，其重要性不言而喻。随着人们对网络速度、稳定性和安全性要求的日益提高，NGN应运而生。要实现NGN的全面发展，宽带接入技术无疑成了其中不可或缺的一环。这是因为，只有解决了接入网的带宽瓶颈问题，各种宽带服务与应用才能顺利开展，网络容量的潜力才能充分发挥。作为NGN的基础设施，宽带接入技术的种类繁多，各具特色。主要有4种主流的宽带接入技术：一是超高速数字用户线，二是基于以太网无源光网的光纤到家，三是自由空间光系统，四是无线局域网。

5. 城域光网

城域光网旨在将光网在成本与网络效率方面的优势传递给最终用户。相较于传统网络，光网具有更高的带宽、更低的时延和更强的抗干扰能力，能够为用户提供更为流畅、稳定、高效的网络体验。作为一个扩展性极佳的多业务平台，城域光网能够适应未来不断变化的业务需求。它采用透明、灵活、可靠的技术架构，支持动态、基于标准的多协议，为用户提供了丰富的业务选择。城域光网还具备高效的配置能力、生存能力和综合网络管理能力。利用智能化的网络管理系统可以实现对网络资源的实时监控、动态调整和优化配置，确保网络始终处于最佳状态。

6. 软交换

软交换技术基于新的网络分层模型，该模型将网络划分为以下层次：接入与传送层、媒体层、控制层和网络服务层。这种分层设计使得各种功能可以在不同层次上进行集成和分离，从而实现灵活的业务提供和网络管理。具体来说，软交换技术利用各种接口协议，将业务传送协议和控制协议相结合，使得业务提供者可以根据实际需求，灵活地组合和定制各种业务，实现业务融合和业务转移。

7. IP终端

随着网络技术的普及和发展，政府、企业、个人，以及汽车、设备、家电等领域都有上网的需求，因此需要开发出相应的IP终端。目前，许多厂商已经开始从固定电话机入手，开发基于IP的用户设备，包括汽车仪表板、建筑物空调系统以及家用电器等各类设备。这些设备都可以通过家庭局域网或个人网络接入，或者从远程 PC 接入，实现了设备间的互联互通，为人们的生活和工作带来了更多便利。

8. 网络安全技术

网络安全与信息安全的关系密切，网络安全对信息安全起着决定性的作用。除采用传统的防火墙、代理服务器、安全过滤等技术手段外，我们还需积极探索和实施更多创新性的安全措施，以全面提升网络安全防护能力。针对路由器、交换机、边界网关协议和域名系统等网络关键设备可能存在的安全漏洞，我们应深入研究并提出切实可行的解决方案。同时，我们还应积极推动更安全的网络协议的广泛应用，如 IPv6，以提高网络的整体安全性。对于关键的网元、网站和数据中心，我们必须实施严格的冗余、分集和保护措施，确保这些重要资源在面对各种安全威胁时能够保持稳定性和可靠性。网络管理者需时刻保持警惕，实时监控网络状况，及时发现并处理潜在的安全风险，防止病毒的传播或恶意攻击。在引入新技术和新系统时，我们必须进行充分的安全评估，确保这些技术的稳定性和安全性达到要求，避免因匆忙推向市场而给网络带来潜在的安全风险。

第五章 数字媒体技术的创意应用

数字媒体技术可广泛应用于多个艺术领域，如广告、动画、影视等。本章为数字媒体技术的创意应用，依次介绍了数字媒体广告设计、数字动画创意、数字影视后期剪辑应用等内容。

第一节 数字媒体广告设计

在当下新媒体与传统媒体共存的时代背景下，数字媒体广告所涵盖的范畴已不仅仅局限于传统媒体的付费信息传播活动，还拓展至广告主在数字媒体平台进行的品牌传播概念。

一、数字媒体在广告运用中的作用

（一）数字媒体作为媒体本身的基本作用

媒体是承载广告信息的传播平台，不管是定向传播还是网状传播，受众都需要从广告中了解产品。媒体通过广告业务将产品推介给广大受众是其基本的功能之一。以互联网为基础的数字媒体具有大众传播的功能：一是可以利用高科技进行精准传播；二是其形式丰富多样，给用户提供了多样的选择性，因而更受用户喜欢；三是数字媒体也有其他广告媒体所具有的适应性强的功能，它是产品与消费者之间的桥梁，广告效果的实现有赖于产品与消费者见面并建立联系。

（二）数字媒体在广告运用中的"新"作用

相比传统媒体，数字媒体在广告运用中具有不可比拟的"新"优势。依赖于现代科技的进步，数字媒体已经变得无处不在，所有的传统媒体形式都可以通过科学技术植入移动互联网以及手机媒体中，人们可以随时随地阅读数字杂志和数字报纸、收听数字广播、接收手机短信、观看数字电影等。数字化已经深入人们生活的每一个角落，家庭、学校、宾馆、酒店、公交车、地铁、咖啡馆等人们生活和消费的每一个场所几乎都能通过移动通信接收到广告信息。数字媒体的广告形式丰富，在传播方面具有互动性强、传播速度快、覆盖率高、受众主动接收等特性，因此数字媒体在广告运用中又起着特殊的作用。对企业来说，这种价值是非常宝贵的，因为数字媒体的广告宣传能为企业吸引更多的潜在顾客。传统媒体的广告费用高昂，有些国际企业巨头以往花费在传统媒体上的广告费用每年甚至达到上百亿美元。数字媒体不但成本低，而且覆盖面广，基本上可以达到从大众到小众的全面覆盖。

（三）数字媒体在广告运用中的融合作用

数字媒体除了具有传统媒体已经具备的传递信息的桥梁作用，还能够以极其强大的融合功能参与和影响企业宣传战略的制定。传统媒体的广告传播，主要利用消费者无法避开大众传媒的机会，单向度地将广告信息强制传给消费者。这种撒传单式的传播只有较低的回报率，一是因为没有站在客户的立场上传递信息，二是传递信息与客户反馈之间具有时空差，从而影响反馈数量与质量。

数字媒体的突出特征就是与受众的互动性强，受众及消费者不但可以直接接收数字媒体的广告信息，还可以从其他途径间接接收数字媒体的广告信息，并且利用发达的移动互联网及手机、PC等直接、迅速地对广告做出反馈，使广告信息的反馈渠道大大拓宽。受众在接收广告信息后，马上可以通过关键字、超链接等方法查询商品的局部特征，从而了解商品的整体性能，进而延伸到对整个品牌形象及完整的企业信息的了解。

因此，数字媒体广告发布已成为企业营销战略中不可或缺的一环。这种战略性的思维不仅仅局限于短期的销售目标，而是将长远的品牌形象建设纳入考量。通过整合营销传播的全方位策略，企业能够巧妙地将各种信息元素融合在一起，以实现更高效的品牌传播和消费者互动。在数字媒体广告的发布过程中，企业需要灵活运用各种低成本、小众且灵活的数字媒体形式。例如，通过建立企业形象信息网站和销售商网站，企业可以迅速传递产品信息、宣传促销活动和品牌形象。这些网站为企业提供了一个展示实力的平台，也为消费者提供了一个便捷的渠道，使他们能够随时随地获取所需的信息。除了建设网站，企业还可以结合手机媒体进行宣传。随着智能手机的普及，手机媒体已成为人们日常生活和工作的一部分。通过应用程序推送等方式，企业可以向目标受众发送个性化的营销信息，实现精准营销。这种宣传方式不仅成本较低，还能提高消费者的参与度和互动性。因此，在数字媒体的参与下，消费者的信息反馈也成为广告运用中的重要环节。

二、数字媒体和数字广告之间的相互联系

数字媒体是一种采用二进制数码形式记录、处理、传播并最终获取信息的载体，其重要性日益凸显。在广告行业中，数字媒体的运用更是催生了数字广告这一全新形式，使广告的表达方式和效果都得到了极大的提升。数字媒体的特点在于其高度的灵活性和可编辑性。通过二进制数码的形式，数字媒体可以轻松地复制、修改和传输信息，这使得广告内容在数字媒体上的呈现更加多样化和个性化。例如，我们可以利用数字媒体制作出各种形式的广告，如文字广告、图像广告、视频广告等，以满足不同受众的需求和喜好。随着科学技术的不断发展，数字技术与广告的结合将会变得越来越紧密。一方面，随着人工智能、大数据等先进技术的不断涌现，数字广告的投放将变得更加精准和智能；另一方面，随着数字媒体的不断创新和发展，数字广告的形式和内容也将更加丰富和多样。

三、数字媒体广告视觉传达设计

（一）特征

1. 引导性

在视觉传达设计中，视觉流程决定了人们的视线如何在接收到外部信息时流动，从而引导人们感知和理解周围的世界。从视觉流程的角度出发进行设计，其实就是在巧妙地运用视觉的引导性，将广告信息更有效地传达给人们。人的视野是有限的，不可能同时观察到外界的一切事物和景象。因此，人们需要通过运动来感知外部世界，这种运动实际上就是视觉流程的体现。在数字广告中，数字媒体作为一种"动"的概念，通过三维技术等手段，将广告中的关键信息进行放大，并时刻进行强调。这些技术不仅使广告信息更加突出，还能够在原有基础上更加

清晰地展现各类广告信息。一个清晰的视觉流程不仅可以延长人们的目光停留在广告关键信息上的时间，还可以提高人们对于广告页面的兴奋度。这是因为清晰的视觉流程能够引导人们的视线，使他们的注意力更加集中，从而更加深入地理解和感受广告所传达的信息。同时，这种引导性还能够激发人们的兴趣和好奇心，使他们对广告产生更强烈的反应。

2. 交互性

交互性是数字媒体具有的一种属性。无论是社交媒体上的点赞和评论，还是网络购物平台上的搜索和筛选，交互性都发挥着重要的作用。数字广告作为数字媒体的重要组成部分，也具备了交互性的特质。交互性不仅仅是用户对屏幕上的元素进行简单的点击或滑动，也是一种心理上的沟通和交流。因此，在设计数字广告时，除了要结合技术自身的规律，还需要深入考虑大众心理层面的各种活动，包括但不限于用户的兴趣爱好、需求、情感等因素。除此之外，找到正确的"人机"交互点也很重要。这意味着我们需要找到一种能够吸引用户注意、引起用户兴趣并与用户建立情感联系的方式。例如，在广告中运用动画、音效等多媒体元素，可以吸引用户的注意力；而设计简洁明了的操作界面和易于理解的交互方式，则可以提高用户的参与度。

3. 人性化设计

在视觉传达设计的发展历程中，一个核心问题始终存在，那就是创作必须兼顾人性化的特点。这一要求自 20 世纪起延续至今，体现了设计对于人类情感和心理需求的深刻认识。从数字广告的角度来看，如果不能符合人们的习惯，它的信息传达就难以被人们接受，更无法让人们留下深刻的印象。数字技术的迅猛发展为实现高科技与高情感的平衡提供了可能，这也正是设计人性化的体现。在当今竞争激烈的广告市场中，为了增强广告信息的记忆度，设计师普遍运用数字技术来呈现广告信息。这种表达方式具有丰富的内涵，容易引发受众的交互心理，进而促进交互行为的实现。这种注重人性化的设计理念，不仅提升了广告的传播效果，也推动了视觉传达设计技术的持续发展。

（二）应用

视觉研究发现，当人们在观看屏幕时，其眼睛与屏幕之间的距离大多维持在 0.5~1 米，视线通常先聚焦在屏幕中央。基于这一发现，动态图片因其能够快速吸引目光并引导观众注意力的特性，而成为吸引观众注意力的有效手段。因此，设计师在设计广告位时，可考虑将广告位置于屏幕中间或顶部，并融入动态图片元素，以增加其吸引力和可见性。

1. 板式结构的设计

网络媒体在设计网页时，相较于传统媒体，确实展现出显著的区别。传统媒体，如电视、广播和报纸，其内容传播方式往往呈现出线性和顺序性的特点。这意味着观众或读者只能按照媒体所设定的顺序，逐一浏览或接收信息，缺乏自主选择的空间。然而，网页信息的传播方式却截然不同。作为一种新型的数字技术手段，网页具有非线性和交互性的特点。它可以根据用户的需求和兴趣进行个性化的选择。在 HTML 的支持下，网页具备了超链接的功能，使得页面可以延伸，用户可以根据自己的兴趣爱好选择路径进行浏览。网页的这一特性，为数字广告的设计提供了巨大的可能性。传统的广告形式，如报纸广告或电视广告，往往受到版面或时间的限制，难以充分展示产品或服务的全貌。在网页上，即使版面的空间有限，设计师仍然可以通过创意的文字链广告，将用户直接引导至网站，进一步展示丰富的内容和增强用户的互动体验。

2. 页面中的交互设计

在数字时代，大众与信息的交互已经成为一种日常行为。这种交互过程并不仅仅是信息的传递和接收，还是一个动态的过程。在这个过程中，页面的友好性起着至关重要的作用。一个友好、易用的界面，可以极大地提高用户的体验，使得信息的传递更加高效、准确。一个优秀的交互界面，应当具备简洁、清晰的特点。这样的设计不仅可以让用户一目了然，快速找到所需的信息，还能减少用户的认知负担，提高用户的满意度。同时，界面的一致性也非常重要。一致性的设计可以让用户在不同的页面之间无缝切换，提高用户的操作效率。在交互设计中，色彩信息的设计同样重要。一般来说，淡化背景颜色和图案可以使广告信息更加突出，更容易被用户注意。同时，色彩的选择也需要考虑到用户的心理感受。例如，暖色调可以激发用户的积极情绪，而冷色调则更加适合传达冷静、客观的信息。

四、数字媒体广告行业的发展趋势

随着数字信息技术的快速发展，数字媒体语境下的广告行业蓬勃发展，广告形式层出不穷。在早些时期，传统媒体雄霸着整个广告行业。但在互联网广告崭露头角后，这些年其广告额一直处于增长态势。企业看到数字媒体广告带来的利润后，便将目光从传统广告转向数字媒体广告。另外，数字媒体技术越来越成熟，也为数字媒体渐渐成为企业的"宠儿"提供了重要保障。在数字媒体的价值被发掘以后，数字媒体广告行业未来的发展会引入越来越多的资本投入：一是传统媒体对数字媒体领域投入的增加，二是投资公司和商业公司对数字媒体投入的增加。数字媒体环境下我国广告业主要呈现向专业化和多元化发展、服务内容向纵深延展、品牌一体化服务公司崛起3个发展趋势。

（一）向专业化和多元化发展

专业化和多元化是数字媒体广告未来发展的必由之路。专业化是指数字媒体广告公司成立之初对自己特定服务范围的精确定位。多元化发展是指增加集团公司结构调整中广告公司的控股股份，通过合作或并购以完善公司本身的战略业务布局，建立和整合媒体资源，通过提升专业化，扩张媒体代理业务。

（二）服务内容向纵深延展

数字媒体的不断普及与发展对广告传播提出了更高的要求，同时也对企业的营销战略带来了挑战。以"传播大众"为核心的传统广告服务模式已经不能满足企业与时代发展的需要，数字媒体广告服务模式开始深度介入及改变企业的发展。一是逐渐改变之前市场影响与广告传播各自为政的局面，通过深度介入企业的营销与管理，逐渐将广告、营销甚至消费整合在一起。二是通过业务融合，数字媒体广告不断进入企业产品研发、通路设计、品牌管理等多个领域。融媒体以及未来的智能媒体时代，数字媒体广告将参与产品生产、研发、管理及消费的全过程。三是直接脱离广告末端（包括制作、发布等）的具体执行，转向广告运作的前端（包括咨询、策划等），如当前市场上的营销策划、信息咨询、技术服务类公司就是代表。

（三）品牌一体化服务公司崛起

随着社会主义市场经济的不断成熟和完善，人们的生活水平越来越高，对生活质量和生活品质的要求也不断提高，这为品牌公司的发展奠定了基础。鉴于数字媒体广告公司对企业服务的不断深化，建立品牌一体化服务公司很有必要。未来的品牌一体化服务公司将不再局限于为企业服务以及参与企业的运营和管理，还要以建立和发展品牌为广告服务的目标。广告公司的价值是将产品提升为品牌，进行公司的品牌管理。这样的广告公司越来越受到客户的青睐，其价值地位也将越来越高。

除了将产品提升为品牌的服务，数字媒体广告公司还必须拥有品牌整合的能力，就是用先进的经营理念、运行机制和公司文化统一思想，将服务客户的上下游资源等各种专业力量整合到一起，为客户提供全方位的综合品牌服务。

第二节　数字动画创意

"动画"一词的英文为 animation，意思是赋予某物或某人生命，它的本质是运动。从字面上理解，"动"是指画面中各视觉元素或形象的变化和运动，"画"是每一张或每一帧静止时的画面。动画可以动起来依据的是人的视觉暂留原理，即按照一定的规律，连续播放一系列画面，在视觉上产生连续变化的效果。

随着计算机技术的不断更新与发展，传统动画与现代计算机技术的结合越来越紧密，于是出现了数字动画，实现了动画技术的创新与发展。简单地讲，数字动画就是借助计算机软件技术、互联网技术、运动捕捉技术等新兴媒体技术，结合传统动画的视听表达语言、剪辑技巧制作而成的符合现代审美趋向的视频。

一、数字媒体技术与动画设计的结合

在数字化时代的浪潮下，数字媒体技术和动画设计的结合已成为一种必然趋势。这种结合不仅满足了时代发展的需要，也为动画创意的转型提供了重要的途径。通过运用先进的媒体技术，动画创作过程变得更加简便、快捷，既提高了工作效率，也降低了创作成本，更重要的是，数字媒体技术的引入使得动画创作突破了空间的限制，实现了三维动画的跨越式发展。在数字媒体技术的支持下，三维动画能够实现更为逼真、细腻的画面效果，使观众仿佛身临其境。此外，三维动画在角色塑造、场景构建等方面也更具灵活性，能够满足创作者更多的创意需求。在数字媒体技术的推动下，传统的二维动画也焕发出新的生机。尽管二维动画在真实性、立体性等方面存在一定的不足，但其独特的视觉效果和表现形式一样具有无法替代的魅力。

（一）重要意义探讨

1. 开拓动画设计新领域

在探讨动画作品的表现方式时，我们不得不提到传统动画与现代数字媒体技术之间的差异。传统动画作品的表达方式相对单一，这主要是由于技术限制和创作者在表达思想上的局限性。传统动画的创作往往受限于外部环境，如制作成本、技术条件等。这使得创作者难以用动画的方式来充分表达自己的思想，更难以在动画场景中呈现出真实、立体的效果。观众在观看传统动画时，可能无法完全沉浸在剧情中，因为画面效果和表现力有限。

随着数字媒体技术的快速发展，动画的设计方式发生了翻天覆地的变化。创作者现在可以更加灵活、多变地设计动画作品，将文字图画转变为可视化影视，将平面动画转变为三维动画，甚至将三维动画转变为计算机图形动画。这种技术的革新，使得动画设计变得更为精细、流畅。数字媒体技术的广泛应用，不仅为动画设计开拓了广阔的市场前景，还引入了创新思想。这为动画设计师提供了更多的灵感来源和创作空间，使得他们能够驾驭多种动画题材，不断提升自己的设计水平。

2. 加强情感的共融

中国动画设计的发展脚步相对缓慢，尽管拥有独具特色的水墨动画，但仅仅依靠二维动画的形式，难以吸引广大观众的喜爱。日本作为动画产业大国，在三维动画、计算机图形动画等领域都取得了杰出的成就，并且还利用数字媒体技术对二维动画进行改造，使动画效果更加逼真流畅，极大地提升了动画的艺术美感。随着中国经济的快速发展，中国动画行业逐渐崭露头角。现代化的数字媒体技术被广泛应用于动画设计领域，推动了中国动画的快速发展，并涌现出一批精品动画作品。这些作品不仅形象逼真、情节紧凑，还融入了丰富的中国文化元素，深受观众喜爱。与传统的二维动画相比，这些基于数字媒体技术的动画作品能快速地将观众带入作品的世界，让观众沉浸其中，实现作品情感和价值观的传递。

3. 提升动画设计商业价值

数字媒体技术的迅猛发展，不仅推动了动画产业从传统的电视动画向数字动画和网络动画等多元化方向发展，还极大地丰富了动画设计的创新性和商业价值。在数字媒体技术的助力下，动画作品的传播渠道也得到了极大的拓展。网络的普及和社交媒体的崛起，使动画作品可以通过各种在线平台迅速传播，触及更广泛的受众。这种传播方式的变革，不仅提高了动画作品的曝光度和影响力，还为动画产业带来了更多的商业机会。在当前市场环境下，动画产业已引起众多广告客户的浓厚兴趣，其市场价值也得到显著的提升。在动画设计中，数字媒体技术以艺术创作理论为基石，注重展现设计的核心理念，追求技术与艺术的和谐统一。这种结合技术理性与艺术情感的设计方式，不仅注重人物造型和场景设计的精细度，还强调情感渲染与表达的深度，从而形成了兼具技术与艺术特色的动画设计。这种设计不仅提升了技术应用效果，也提高了动画设计的整体水平。

（二）应遵循的原则

1. 应用性

为了让数字媒体技术在动画设计中得到更好的应用，动画产业必须紧跟时代发展步伐，充分满足社会大众对动画设计的多样化需求，推动动画产业朝着更好的方向发展，那么，应用性原则的落实显得尤为重要。数字媒体技术为动画设计提供了无限的可能性，因此，在动画设计过程中，我们需要充分应用数字媒体技术，优化设计方案，使动画作品更具创新性和吸引力。在动画设计过程中，我们需要注重数字媒体技术的应用，提高动画画质和视觉效果，使动画作品更具冲击力和感染力。同时，我们还要充分发挥数字媒体技术的独特优势，借助媒体设计的方式方法，对动画设计效果进行科学合理的优化调整。精细化的调整和处理，可以使动画画面更加生动逼真，更好地满足时代的发展需求。

2. 超前性

作为一种融合了艺术、技术和创意的综合性艺术形式，动画在社会大众的生活中逐渐占据重要的地位。然而，要使动画产业在经济层面实现可持续发展，我们必须对动画设计理念进行深入的更新与优化，确保其与数字媒体技术完美融合，从而赋予动画作品更加真实、引人入胜的视觉效果。运用先进的数字媒体技术，可以为动画作品注入更多的生命力和创造力，使其在视觉效果上更加逼真、细腻，能够充分展现数字媒体技术的超前性，从而推动该领域的持续发展。

3. 特色化

在日常工作实践中，动画设计师积累了丰富的经验，逐渐形成一套行之有效的设计理念和方法。他们不断收集与动画设计相关的资源信息，并将这些素材融入作品中，使得动画设计呈现出更加多样化的风格。同时，这些资源信息也为动画设计师提供了更多的灵感来源，激发了他们无尽的创造力。随着数字媒体技术的崛起，动画设计师可以借助先进的设施、设备，将原本难以实现的创意变为现实。这种技术上的革新，不仅提高了动画设计的效率，也在质量上实现了飞跃。数字媒体技术的应用，使得动画设计中巧妙地融入了独具特色的动画文化。这种文化的融入，不仅丰富了动画作品的内涵，赋予其特色化的标签，也在视觉上带来了意想不到的效果。

二、数字媒体技术在动画设计中的具体应用

（一）三维建模和渲染

三维建模是指利用计算机技术将物体或场景在三维空间中进行数字化，再进行细节调整和纹理贴图等操作，最终生成高质量的三维模型。三维渲染是对这些三维模型进行光线追踪、材质贴图、阴影计算等处理，最终以动画或静态图像的形式呈现出来。在动画制作中，三维建模可以制作角色、场景、道具等元素，同时可以对这些元素进行细节调整和纹理贴图，使得这些元素更加真实、精细、有质感。三维渲染可以通过光影、材质、阴影等效果处理，使这些元素呈现出更加生动的效果，从而更好地表达出动画的情感。例如，在迪士尼公司的经典动画电影《狮子王》中，狮子、大象、草原等形象和场景通过三维建模技术进行数字化，再通过三维渲染技术进行材质贴图和光影效果处理，最终生成了逼真、生动的动画形象和场景。

（二）物理模拟和特效制作

物理模拟和特效制作过程通常包括以下几个步骤：第一，收集相关资料，了解要制作的特效或动作的物理原理和特点；第二，使用专业的三维建模软件建立相关的场景、人物和道具，并设置相应的属性和参数，之后使用物理引擎来模拟物理现象，如弹性、重力、摩擦力等；第三，对物理模拟结果进行渲染和后期处理，添加颜色、纹理、光影等特效，使动画看起来更加真实。以电影《超凡战队》的特效制作为例，该电影中有很多精彩的特效场景，如机器人的变形、建筑物的爆炸等。设计团队使用物理模拟和特效制作技术，建立了真实的三维场景和模型，模拟出机器人变形的过程，并添加了粒子特效和光影效果，使整个场景看起来更加震撼。同时，他们还基于物理原理模拟出建筑物爆炸的过程，并使用了粒子系统和碎片效果，使爆炸场面看起来更加真实和惊险。

（三）人物动画和角色设计

在人物动画中，数字媒体技术主要用于角色建模、动作捕捉、运动系统和表情设计等方面。角色建模是指将角色的外观形象和身体结构以数字化方式进行建模，并确定其骨骼结构和动作架构。动作捕捉是指通过特殊设备捕捉演员的实际动作，并将其转换为数字动画。运动系统将角色的骨骼和动作架构进行匹配，形成自然的动作效果。表情设计是为角色设计不同的表情和面部动作，使得角色更加真实、立体和生动。以电影《疯狂动物城》为例，其中的人物角色设计基于动物形象，通过数字媒体技术实现了动物角色的逼真呈现。该影片采用多种数字媒体技术，如毛发仿真、动作捕捉、表情设计等，使得影片中的动物角色更加具有生命力和真实感。其中，运用动作捕捉技术，导演找到动物角色的"真实行为"，并将其转换为数字化的形式，从而实现了更加自然和逼真的动画效果。此外，制作人员采用了先进的毛发仿真技术，使得动物角色的毛发更加真实、柔软和自然。

（四）背景场景设计和虚拟现实技术

现代数字媒体技术为背景场景设计提供了丰富的手段，如三维建模、特效制作和后期合成等技术，可以实现更加生动逼真的场景效果。例如，迪士尼公司的动画电影《冰雪奇缘》就采用了三维建模和后期合成技术，为场景添加了大量的细节，使得观众能够更加真实地感受到雪花、冰块等物体的存在。虚拟现实技术是数字媒体技术中的一个热门技术，可以为动画设计提供沉浸式的体验。

通过虚拟现实技术，观众可以身临其境地感受动画世界。例如，日本动画电影《你的名字》就采用了虚拟现实技术，观众在电影院内穿戴虚拟现实头盔就能体验电影中的场景和情节。这种沉浸式体验在观众中引起了很大的反响。在动画设计中，背景场景设计和虚拟现实技术的应用是相辅相成的。背景场景设计为虚拟现实技术提供了更加真实的物体和环境，而虚拟现实技术则可以使观众更加深入地了解和感受动画世界。例如，迪士尼公司的动画电影《阿拉丁》就使用了背景场景设计和虚拟现实技术的组合，为观众呈现出富丽堂皇的阿拉伯世界。其中，宫殿、沙漠、海底等场景都使用了精细的背景场景设计和虚拟现实技术，营造出丰富多彩的动画氛围。

三、动画设计中常用的数字媒体技术

借助数字媒体技术的动画设计可以实现虚拟信息与真实环境的融合，这一过程涉及使用摄像设备捕捉实际场景并对其空间位置进行精确解析，随后根据解析结果生成虚拟对象，并将其与现实环境相融合，最终呈现出所需的效果。以下是常用的数字媒体技术。

（一）追踪注册技术

要确保虚拟对象与现实环境的无缝融合，必须对现实物体进行精确识别与定位，然后借助计算机技术进行相应处理，从而实现目标的追踪与注册。追踪注册技术的核心在于准确捕捉目标的表面构造与特性，并据此构建其空间坐标。空间坐标可细分为二维动画与三维动画两种形式。在二维动画设计中，运用数字媒体技术对绘图与着色过程进行优化，可有效提升平面动画的绘制效率与色彩表现。计算机设备能够自动完成识别与加工任务，确保动画效果的精准呈现。相较之下，三维动画设计则更为复杂，涉及光效处理、角色造型设定以及场景模拟等多个层面。因此，三维动画的制作标准极为严格，其画面只有给观众带来强烈的真实感，才能吸引观众的目光。利用数字媒体技术来创作三维动画，不仅能够提高设计效率，还能确保画面更加逼真、更具艺术价值。

（二）虚拟物体生成技术

在现代科技的驱动下，数字媒体技术能够将虚拟对象与实际环境巧妙地重叠，并通过现实设备将这些画面呈现给观众。这种令人惊叹的效果，在很大程度上归功于虚拟物体生成技术，它是增强现实系统的核心组件，对系统的性能具有至关重要的影响。为了提升测量数据的精确度和动画的呈现效果，必须将实际的光照条件与虚拟信息相结合。虚拟物体生成技术正是这样一种工具，它不仅能够实现虚拟场景的实时渲染，还能够确保这些场景与现实环境的无缝对接。这种技术的运用，不仅拓宽了人们的视觉体验，还为人们提供了一种全新的互动方式。虚拟物体生成技术主要分为光学透视和影像透视两种形式。光学透视利用光学合成装置来观测现实景象。使用者不仅能够直接观察现场，还可以通过摄影将现场与影像资料相结合，最终将这一融合结果呈现在显示器上。这种方式的优点在于，它能够让使用者直观地看到虚拟与现实相结合的画面，从而增强沉浸感和真实感。影像透视则是一种利用计算机生成的图像来模拟真实世界的技术。它利用摄像头捕捉现实世界的图像,然后通过软件将这些图像与虚拟对象相结合。这种方式在游戏、电影等娱乐领域有着广泛的应用,它能够为观众带来身临其境的感觉。

(三)数字动感技术

相较于传统动画设计,数字动感技术以其独特的优势为动画创作带来了无限的可能性。数字动感技术的应用打破了传统动画设计的场地、设备的束缚,使设计师能够根据自己的想象和创意自由地进行动画制作。以动画电影《怪兽小屋》为例,我们可以发现数字动感技术的独特魅力。在该影片中,一片普通的树叶成为故事的引子。通过数字动感技术的运用,这片树叶在画面中翩翩起舞,引领观众进入一个充满奇幻色彩的世界。动画电影的主角是一位少女,她坐在一辆三轮车上出现在画面中,少女与树叶共同经历了一段奇妙的旅程,最后在小屋前停下。在这个过程中,数字动感技术不仅为画面增添了丰富的动态效果,还利用光、影、色彩的调整,使整个画面更加引人入胜。

(四)数字合成镜头技术

数字合成镜头技术作为数字媒体技术的核心之一,已经成为现代电影制作中的重要部分。它通过技术手段实现了无数令人惊叹的视觉奇观,将观众带入了一个又一个神奇的世界。例如,在《哈利·波特》系列电影中,观众仿佛置身于一个充满魔法的奇幻世界。该影片中的许多场景,如巫师的魔法战斗、神秘的魔法生物等都是通过数字合成镜头技术实现的。这些技术不仅让不可能实现的场景成为可能,还赋予了画面生动逼真的视觉效果。例如,在影片中,郎·维斯利被施加了一个咒语,吐出了一个生物。这样的场景,无论多么优秀的演员都无法真实地演绎出来。然而,通过数字合成镜头技术,制作团队实现了这一场景,让观众仿佛置身于神奇的魔法世界之中。同样,在《变形金刚》这类科幻电影中,数字合成镜头技术更是大放异彩。影片中的星球大战、机器人变形等震撼场面,都是通过先进的数字媒体技术进行合成的。这些技术不仅使画面更加流畅逼真,还让观众有身临其境的视觉体验。观众仿佛置身于星际战争的现场,感受到强烈的视觉冲击力。数字合成镜头技术对于增强动画设计的艺术性和感染力具有显著的助益性。

(五)数字音效技术

音效是一种独特的艺术表现形式,在动画创作中扮演着至关重要的角色。它不仅能够为观众带来震撼的听觉体验,也能促进故事情节的深入发展。精心设计的音效可以创造出丰富多彩的声场,将观众带入一个逼真的动画世界。在数字音效技术的助力下,动画音效的表现力得到极大提升。这种技术能够减少声音在传播过程中产生的噪声畸变,保证声音的高清晰度。此外,数字音效技术还能使声场分离度更高,音效更震撼。

动画电影《海底总动员》的音效设计堪称典范。该影片利用声道展示独特的气泡声,使音质多元丰富。在同一场景下,多个声道的运用更是将音效的魅力发挥到极致。这种设计不仅增强了声音的立体感,还让观众感受到大海的广阔无垠。当海洋生物的声音交织在一起时,观众仿佛置身于一个五彩斑斓的海洋世界。

在动画设计过程中,数字音效技术的运用为创作者提供了广阔的想象空间。创作者可以根据故事情节的需要,运用各种音效手法来营造氛围、塑造角色、传达情感。同时,数字音效技术还能帮助创作者创造出一个更为逼真的场景,使剧情更加丰满,也为观众带来了更加精彩的视听体验。

四、基于数字媒体技术的动画设计创意实践

(一)创新表现形式

数字媒体技术的飞速发展为动画设计带来了前所未有的变化,使其呈现出更为灵活和多样化的表现方式。这种变化不仅改变了动画设计的生产流程,也在视觉效果、场景呈现等方面达到了传统动画难以企及的高度。最大的改变就是动画设计在数字媒体技术的推动下逐渐向数字化和网络化方向发展。借助先进的电脑软件,动画设计师能够更便捷地绘图,轻松实现复杂的场景构建和角色动画设计。然而,在追求技术创新的同时,创作者也需要意识到传统动画设计的独特价值。回顾过去的经典作品,如《牧笛》《阿凡提》等,虽然画面略显简单,但其凭借独特的艺术风格和深刻的文化内涵赢得了观众的喜爱和认可。这些作品不仅展示了传统动画设计的魅力,也成为一代观众的美好回忆。因此,创作者在运用数字媒体技术进行动画设计时,应当注重平衡传统风格与创新元素,既要保留原有的艺术特色,又要充分发挥数字媒体技术的优势,实现动画作品的创新化与个性化。

数字媒体技术的应用广泛且具有高度的灵活性。在运用该技术时,设计师应秉持客观的态度对待动画设计。一方面,尊重并保留传统动画的固有特性和艺术

魅力是至关重要的；另一方面，通过巧妙运用数字媒体技术，设计师可以有效地提高动画设计水平，从而全面展现数字媒体技术的潜力与价值。

（二）把握时代发展前沿

随着科技的进步和观众审美水平的提高，三维动画已成为当今动画产业的主流。中国的动画设计师也积极投身于三维动画的创作与发展中。三维动画与二维动画相比，具有更加逼真的图像表现和立体视觉效果，并且三维动画的复杂程度也远高于二维动画，因此创作者在进行设计时，需要兼顾更多的因素。从模型搭建到关键帧设置，从光线渲染到视觉特效，每一个环节都需要设计师精心策划和执行。随着三维技术的不断发展，三维动画设计越来越成熟，不仅在电影、电视等娱乐领域得到了广泛应用，还被广泛应用于教育、广告、游戏等多个领域。然而，虽然中国的动画设计取得了一定的成绩，但与国际先进水平相比，还存在一定的差距。在技术与控制方面，中国的三维动画设计水平仍需要不断提高，才能更好地满足观众的需求，确保作品能够有预期的视觉效果和情感表达。

在现实中，相较于创作传统的美术作品，设计一部动画作品无疑需要更多的技术和经验。动画设计师在创作过程中，不仅需要具备深厚的艺术功底，还需精通数字媒体技术，以及具备灵活运用这些技术的能力。然而，一些设计师在这些方面存在短板，这无疑增加了他们在实际操作中面临的困难和挑战。对于数字媒体技术专业出身的设计师来说，尽管他们拥有扎实的技术基础，但在将技术与动画设计融合的过程中，往往仍有因为缺乏实际工作经验而无法充分发挥技术优势的情况出现。此外，三维动画的复杂性也是制约中国动画产业发展的重要因素之一。三维动画设计需要处理的问题远比二维动画复杂，如光照处理、材质贴图、骨骼绑定、动画演算等，这些都需要设计师具备高超的技术能力和丰富的经验。然而，目前一些动画设计师在这些方面还存在不足，这无疑增加了他们在设计三维动画时的难度。在实际设计中，为了避免过于烦琐的步骤，动画设计师往往会选择简化设计过程，这无疑影响了动画作品的质量和表现力。这种简化设计的现象，也是导致中国动画产业发展缓慢的一个重要因素。因此，在此背景下，动画设计师应该从技术运用和操纵技能两个层面着手，加强经验积累，提高技术能力。同时，他们也需要顺应数字媒体技术的发展趋势，不断学习和掌握新的技术，以应对动画设计领域日益复杂的需求。只有这样，中国动画产业才能在激烈的国际竞争中取得更大的突破和发展。

（三）发展具有中国特色的动画产业

对于中国动画创作人而言，探索如何在动画作品中展现中国文化的民族性，并发展具有中国特色的动画产业，一直是他们不懈追求的目标。民族艺术风格在中国动画发展历程中扮演了举足轻重的角色。动画设计师巧妙地将中华民族情怀和民族文化融入动画设计之中，使作品充满了鲜明的中国特色和民族韵味。这种独特的风格不仅彰显了中国的魅力，也体现了中华传统文化的深厚底蕴。在中国动画产业发展的早期，《天书奇谭》《七色鹿》《宝莲灯》《大闹天宫》等众多作品，都以中国神话传说或民间故事为蓝本，通过动画的形式呈现在观众面前。这些作品在表现手法和技术体现上都表现了中华传统文化的民族性。

现阶段，中国动画市场面临外来文化的冲击。动画创作不仅要关注历史故事，也要关注技术革新、表现风格和环境营造。因此，中国动画设计应顺应历史潮流、坚守初心，传承并发扬中华优秀传统文化。结合传统艺术与数字媒体技术，中国的动画产业应探索具有时代要求和中国特色的动画设计之路，以树立独特形象，提升竞争力，实现可持续发展。

第三节　数字影视后期剪辑应用

"剪辑"在英语中是"编辑"（editing）之意；在德语中是"裁剪"（schnitt）之意；在法语中是"组合"，即"蒙太奇"（montage）。在电影艺术诞生之前，"蒙太奇"作为建筑学术语，意为"构成、装配"，后来，影视理论家将其引申到影视艺术领域，作为影视语言符号系统中的一种修辞手法。

一、影视剪辑的高度数字化

数字时代的影视制作与以往不同的是，每一个过程都是用数字设备来实现的，流程上分为前期策划、现场拍摄、后期制作三个部分。

（一）数字化前期策划

在数字化时代，计算机技术得以广泛应用，剧本、分镜头脚本、故事板绘制、场景设计等工作，都可以交给计算机来完成，可以大大节省前期策划的时间。

1. 准备数字文案

在计算机上可以非常方便地进行影视剧本、分镜头脚本的制作，可以对以数据形式存储的文件方便地复制、修改和分发。有的软件带有标准的剧本写作样式模板，它们能够测定一个角色出场多少次。在剧本阶段和分镜头阶段之间的信息是互动的，如果剧中要求成千上万名临时演员，影视制作人就必须考虑诸如场景、场景限制、组织场景的费用等，从而及早做出整部影视作品的预算。

2. 做好数字形象化预审

形象化预审主要是指在前期准备过程中，利用计算机辅助软件，用图形、图像的方式模拟出导演或制作人员的创意想象过程。在技术上可以包括场景建造、灯光布局、角色挑选、外景拍摄、服装道具、人物调度、机位调度等。数字形象化预审更像是专业软件和数据库的结合。随着数字技术的不断发展，数字形象化预审的能力越来越强。

（二）数字化现场拍摄

1. 直接采用数字化设备拍摄

在国外，一些著名导演进行着这方面的尝试，如美国导演、制片人、编剧乔治·卢卡斯（George Lucas）就直接采用数字化设备拍摄电影《星球大战前传2：克隆人的进攻》，并表现出对该项技术的偏爱。数字化现场拍摄可以将拍摄素材直接以数字格式存储在磁盘上，使得到的图像生动自然，且资料便于保存和再利用。随着科技的发展，数字高清晰度摄影机登上舞台，它的出现甚至对传统电影的定义提出了挑战。例如，RED ONE 4K 全高清数字电影摄影机分辨率高达 $4\,096 \times 2\,304$，RED ONE 5K 全高清数字电影摄影机分辨率高达 $5\,120 \times 2\,700$，RED ONE 6K 全高清数字电影摄影机分辨率高达 $6\,144 \times 3\,456$，RED WEAPON 8K 摄像机分辨率可达到 $8\,192 \times 4\,320$（比国际电信联盟对 8K 分辨率的定义是 $7\,680 \times 4\,320$ 还高），均达到或超过了院线 2K、4K 播放的质量与标准。我国首部以直播形式进入电影院线的影片《此时此刻：共庆新中国 70 华诞》于 2019 年国庆节在全国多家影院同步上映。该次放映标志着我国首次成功通过卫星传输，将 4K 超高清信号引入电影院线。十余个省（区、市）的观众得以在影院内通过中央广播电视总台回传的 4K 超高清信号，身临其境地感受新中国成立 70 周年的庆典盛况，包括庆祝大会、盛大阅兵等震撼场面。这是我国的创新实践，同时也实现了电视直播与影院放映的完美结合。观众在享受电视直播带来的即时画面之余，更能感受到在影院中观影的震撼。这一里程碑式的成就，不仅是对新中国成立 70 周年的深情礼赞，也代表了我国广播电视内容时效性与影院放映环境高品质的完美结合，开创了我国电影史上的新篇章。

2. 数字化现场控制与处理

计算机在数字化拍摄现场具有强大的控制能力和处理能力。带有计算机控制装置的摄影机，一方面可以拍摄到许多传统方式无法完成的高难度镜头，如拍摄天上地下等摄影师无法到达的位置；另一方面，用计算机控制和操作可以提高影像技术的精度和准确性。

（三）数字化后期制作

数字化后期制作包括剪辑和合成两部分，数字剪辑保留了传统电影剪辑中可以任意交换素材顺序的非线性功能，最突出的优点在于快捷和精确。剪辑师可以在剪辑过程中实时预览，对不满意的地方及时修改。数字化非线性编辑中的多机位功能可以对一个镜头进行多角度拍摄，为动作剪辑、武打剪辑和舞蹈剪辑等影视剪辑带来了极大的创作空间。

数字合成俗称电脑特技，不但可以修正原始影像画面的密度、色差等不足之处，还可以虚拟出现实中无法实现或者不存在的事物。好莱坞电影《泰坦尼克号》《玩具总动员》就是有赖于计算机图形技术来实现的。数字化后期制作在数字技术飞速发展时代必将产生革命性突破。

二、数字影视剪辑技术的广泛运用

目前，在影视行业内，随着数字化进程的不断推进，数字影视后期制作因具有资源共享、信号无损、操作简便等优势，逐渐占据了影视剪辑的主导地位。对于影视剪辑方面的训练，一方面是镜头剪辑技巧的训练，即从视听语言的特征出发，训练如何做到上下镜头之间的匹配；另一方面是掌握数字剪辑技术，能够熟练运用当前专业剪辑设备，根据数字影视影像的特点及剪辑技术，全面提高数字影视后期的剪辑制作与创作能力。

（一）数字影视技术发展深刻影响着剪辑工作

随着多媒体数字技术在影视后期制作中的应用，数字非线性编辑系统应运而生。它由硬件和软件两部分组成，其中硬件包括计算机控制平台和硬盘等存储设备。计算机控制平台完成视频采集、音频采集、非线性处理、特技处理、数据压缩、素材管理等控制功能。硬盘等存储设备负责存储采集的视频、音频数据信息，设备可采用大容量硬盘、大型服务器或视频服务器。软件则由专业生产商提供。目前流行的影视后期非线性编辑软件有 Adohe Premiere、Mac Final Cut Pro、Avid、Edius 等，合成软件有 Adobe After Effects、Combustion 等。

在影视制作过程中，先将拍摄的素材直接下载到大容量硬盘存储设备，根据不同内容创建各种素材库，将素材进行分类管理。在后期非线性编辑过程中，进行数字剪辑与合成，在计算机上很容易实现镜头间的技巧转换，如渐隐、渐显、叠化、划像等，实现实时预览功能，使制作者在影视作品发行前就可以看到最终效果，从而高效率地完成制作工作与创作工作。

（二）剪辑工作成为影视创作的一个重要环节

影视剪辑有广义和狭义之分。广义的影视剪辑是指贯穿影视创作过程中的一种思维和剪辑意识。狭义的剪辑是影视创作的一个重要环节，它是根据编导的意图和影视作品的要求对镜头进行选择和组接，再按照一定的逻辑顺序进行组合的过程，它主要分为3个层面。

1. 进行镜头间组接剪辑

上下镜头之间的组接是影视剪辑的基本技巧，要求自然流畅、动作连贯、节奏鲜明。卡雷尔·赖兹和盖文·米勒在《电影剪辑技巧》一书中指出，做出一次流畅的剪辑，意味着两个镜头的转换不致产生明显的跳动，并使观众在看一段连续动作的时候不致被打断。[①]这里的"跳"，就是指视觉上的不连贯，如大全景镜头接大特写镜头就会使人产生"跳"的感觉。这种现象的更深层次原因，是受众的视觉心理，即由感知外来刺激的能量呈现无序状态所引发。

镜头作为构成影视作品的基础单位，对于作品的质量具有决定性的影响。在影视作品创作过程中，必须精准地选择"剪辑点"，以确保前后镜头能够形成一个连贯的动作序列。剪辑点的选择分为画面与声音两个方面。画面剪辑点主要包括动作、情绪及节奏剪辑点，其目标是保证画面表达完整、流畅，并赋予其韵律感。声音剪辑点则包括对白、音乐及音响效果的剪辑，其目的是与画面相辅相成，共同传达完整的意义，营造出恰当的听觉氛围。

2. 按照一定逻辑顺序组接段落

蒙太奇手法通过将多个镜头有序组合，以形成场面、段落乃至整个作品的一部分。"以若干镜头构成一个场面，以若干场面构成一个段落，以若干段落构成

---

① [英]卡雷尔·赖兹、盖文·米勒：《电影剪辑技巧》，方国伟、郭建中、黄海译，中国电影出版社1985年版，第261页。

一个部分等，这就叫蒙太奇"，这是蒙太奇学派对"段落"构成的经典论述。在具体实践中，段落组接意味着将一组相互关联的镜头，依据特定的逻辑顺序编排，以传达特定的意义。蒙太奇可以划分为叙事蒙太奇与表现蒙太奇两种类型：叙事蒙太奇主要服务于对动作或事件的描述，其镜头的剪辑与组织遵循动作的逻辑或情节的发展；而表现蒙太奇则注重艺术表现力和感染力的传达，旨在展现特定的情感、节奏、思想或意念。

3. 影响影视作品结构与时空构建

剪辑是影视制作中不可或缺的一环，其重要性远超过简单的镜头拼接和段落组合。实际上，剪辑对于整部影视作品的结构、节奏和风格都有深远的影响。影视作品结构的构建，需要遵循完整、自然、新颖、严谨、统一的基本原则，而剪辑正是实现这些原则的关键手段。此外，剪辑师还需要特别关注时空艺术特有的时空性结构。影视作品的时空性结构是指通过剪辑手法将不同时间、不同地点的镜头组合在一起，构建出一个完整的时空体系。在这个体系中，剪辑师需要考虑如何构建未来的时空，即采用顺序、倒叙还是插叙方式等。不同的时空构建方式可以产生不同的叙事效果和观众体验。

三、数字影视后期剪辑技术应用

影视后期剪辑是整个后期制作流程中的核心环节，其水平直接关系到影片的最终质量。因此，探索创新的剪辑方法、不断提升剪辑技艺显得尤为重要。

（一）数字影视后期剪辑工作内容及流程

1. 工作内容划分

就整体剪辑工作内容划分，剪辑工作分为画面剪辑和声音剪辑两种。

画面剪辑指的是依据影视作品的具体需求，将前期拍摄所得到的各个分镜头画面进行细致的重组与编辑的过程。该过程旨在剔除冗余或模糊不清的画面元素，同时根据创作者的创作初衷和意图，将相关画面有机地串联起来，进而形成别具一格的全新画面场景。目前，业界广泛使用的画面剪辑软件主要有Premiere和剪映两款。Premiere简称PR，是一款功能强大的专业后期非线性剪辑软件。它不仅在影视作品的剪辑领域有着广泛应用，而且在当下的新媒体时代也能很好地适应并满足短视频剪辑的多样化需求。无论是个人创作者还是企业用户，均可根据自身的画面处理需求，通过调整不同的画面比例，剪辑出各具特色的原创作品。剪映相对而言更加贴近大众用户，它允许用户直接在手机上操作，因此受到广大短视频创作者的欢迎。创作者在完成短视频的拍摄后，可立即使用手机版的剪映软件进行剪辑，操作过程简便高效。同时，剪映还提供了电脑版，以便用户在不同设备上进行剪辑工作，从而满足不同用户群体的实际需求。

声音剪辑以语言与视觉画面的有机结合为核心，旨在为观众营造更加深入且丰富的视听环境。剪辑师在执行声音剪辑任务时，需要从庞大的台词资料库中根据画面形象与感觉的差异，审慎选择并搭配适宜的台词与声音元素，以精确展现角色的个性特质。声音元素囊括特效音乐与背景音乐两大类别。在短视频领域，众多创作者为提升作品的吸引力，纷纷采用特效音乐与背景音乐。例如，在美食类短视频中，视频博主常使用灶台火焰声、食物煮沸声、接水声、开火声等特效音乐，此类特效音乐不仅强化了画面的生动性，也赋予了观众身临其境的沉浸感。此外，配合优美的背景音乐，视频进一步增强了画面的感染力，提高了观众的代入感。

2. 工作流程

剪辑工作分为初剪与复剪两个部分。

初剪也叫粗剪，是整个剪辑流程的起点。在这个阶段，剪辑师需要对前期拍摄的庞杂素材进行初步的筛选与整理。这不仅仅是一个简单的镜头组合过程，还是一个去芜存菁的艺术创作过程。剪辑师需要准确地把握每一个镜头的动作、造型和时空关系，以确保画面内容的连贯性和流畅性。他们必须敏锐地洞察出哪些镜头对故事情节有推动作用，哪些镜头能够展现角色的性格和情感，哪些镜头应该被舍弃。同时，剪辑师在这个阶段也需要展现自己的创新思维，根据自己的审美和风格特点，对画面和声音元素进行恰到好处的增减和调整。

在初剪的基础上，复剪进一步提升了剪辑的艺术性和技术性。复剪也称为精剪，这既包括对画面整体节奏与韵律感的精准把控，也涉及对拍摄场景的细分、转换场面的顺畅性、镜头动作的连贯与紧密性等细节的考量。剪辑师需要依据影视作品或短视频的整体风格与需求，结合个人对剧本、分镜头画面及导演创作意图的深刻领悟，对剪辑画面与声音进行更为细致与精确的调整。此外，复剪阶段还需涵盖画面转场特效的融入、转场音效的组合及转场动作的衔接等关键环节。通过与导演创作理念的紧密结合，剪辑师需再次施展剪辑艺术处理技巧，打造出既富创意又具美感的影视作品画面效果。

（二）数字影视后期剪辑技术分类

从处理技术的角度划分，影视后期制作主要涵盖线性编辑和非线性编辑两大类。

线性编辑是较为传统的影视剪辑手段，主要是将前期拍摄的素材进行筛选与连接。然而，这种编辑方式在需要替换或插入特定镜头时，必须依赖与原有镜头等长的素材进行替换，从而限制了剪辑的灵活性和创意的发挥。剪辑过程必须严格遵循预定的顺序，无法随意增减内容，这是线性编辑显著的缺点。为弥补这一不足，非线性编辑应运而生。

非线性编辑的核心在于将计算机技术深度融入影视数字化技术之中，使编辑过程主要依赖计算机完成。这种编辑方式的优势是，它可以允许编辑者根据画面需求自由组合素材片段，从而摆脱时间顺序的限制。目前，非线性编辑已经成为影视后期剪辑的主流方式。在影视制作过程中，非线性编辑提供了灵活调整故事情节时长及关键节点的能力，同时，它还能将不同元素整合拼接，实现空间转换的效果，为影视制作带来极大的便利。

相对于传统的线性编辑，非线性编辑减少了失误率和制作成本，且更具互动性和感染力，通过为观众设置伏笔、回忆录形式等实现对剧情的揭露。传统剪辑重视故事连贯性和流畅性，追求剪辑点的隐蔽性以保持叙事完整性。然而，随着信息技术的进步和审美需求的提升，传统剪辑方法，如长镜头等，已无法完成复杂的时空转换和满足观众的审美需求。因此，创新后期剪辑观念和方法对提升影视作品影响力至关重要。

（三）数字影视后期剪辑技术创新研究

随着信息技术的飞速发展，人们的审美需求也在不断增强。因此，创新后期剪辑观念、探索新型的后期剪辑方法，对于提升影视作品的影响力具有十分重要的意义。

1. 形成对比与反差

在电影中，反差手法主要通过对比不同画面效果来实现。当一种画面效果难以达到凸显的效果时，剪辑师会巧妙地运用反差手法，将两种对立的画面手法相结合，创造出强烈的视觉对比，从而强化影片所要表达的主题或情感。以电影要突出人物脸部表情为例，剪辑师通常会采用近景镜头来放大画面，使观众能够更加清晰地看到人物面部的细微变化。然而，仅仅依靠近景镜头并不足以完全突出人物的表情。这时，剪辑师会运用反差手法，在表现人物表情的近景镜头之前，先插入一个远景镜头。远景镜头展示了人物所处的环境或背景，与近景镜头形成鲜明对比，从而更加凸显人物的表情。除了通过不同景别的镜头来形成反差，剪辑师还可以通过调整画面色彩、光线明暗等因素来增强反差效果。例如，在表现人物悲伤情绪时，剪辑师可能会采用暗淡、阴冷的色调来营造悲伤的氛围；而在表现欢乐场景时，剪辑师则会选择明亮、温暖的色调来衬托人物的心情。

2. 把握节奏和层次

后期剪辑通过精准的剪辑手段，赋予影片独特的结构和生命力。后期剪辑的节奏和层次，是对影片内部结构和镜头长度的深度处理，是控制影片整体风格的关键。这不仅仅是技术层面的操作，也是对影片情感、节奏和叙事深度的艺术化再现。影片的剪辑节奏与层次均受其内容与形式的深刻影响。不同类型的影片，如喜剧、悲剧、战争、惊险、励志、古装等，其剪辑方式与技巧也有所不同。此种多样性源自各类节目所需表达的情感、氛围及叙事结构的独特性。因此，剪辑师需根据影片的特性，审慎选择并运用适当的剪辑手法，以展现出符合剧情需求的节奏与层次。在新媒体时代，短视频的兴起使得剪辑的节奏和层次更加重要。短视频时长有限，如何在有限的时间内有效地传达信息、情感，成为剪辑师面临的新挑战。在这个背景下，剪辑师需要更加注重对节奏和层次的处理。他们需要在短时间内快速挑选出优质的视频画面，经过精准的剪辑和转场特效，使短视频内容更加丰富、节奏更加紧凑。

3. 注意时间和空间的交错

随着影视技术的飞速发展和观众审美的多元化，传统的叙事方式已经不能满足人民群众日益增长的观赏需求。现代观众对影视剧的期待已经不再局限于清晰的故事线和饱满的人物形象，他们更加关注剧情的创新性、视听效果的多样性以及情感共鸣的深度。为了适应这一变化，现代影视剧开始尝试突破传统的叙事方式，寻求更加丰富、多元和富有创意的表达形式。例如，非线性叙事、碎片化叙事和时空跳跃叙事等新型叙事方式逐渐受到观众的青睐。视频剪辑作为一种重要的创作手段，开始在影视剧中发挥越来越重要的作用。通过交叉剪辑等手法，视频剪辑师可以将不同时间或不同空间的故事或事件巧妙地联系起来，给观众带来独特的视觉和听觉体验。这种剪辑方式不仅可以创造出连贯的画面，还可以将毫无关联的人或事联系在一起，形成回忆录、纪录片、电影、电视等多种形式的影视作品。例如，在现代企业中，越来越多的品牌选择通过微电影来宣传自己的产品。这些微电影往往采用时间和空间交错的穿越剧形式，通过从现代穿越到过去、再从过去回到现代的拍摄手法来突出画面特效，以吸引观众的注意力。这种叙事方式让观众在欣赏故事的同时对产品有了更深入的了解和认识。此外，一些经典的影视作品，如《盗梦空间》，通过多变的场景和交叉的叙事手法，让观众感受到数字化技术与影视创作融合的深层美感。这种叙事手法不仅打破了传统的时空观念，也让观众在沉浸式的观影体验中感受到前所未有的震撼和惊喜。

参考文献

[1] [瑞典]西蒙·林德格伦:《数字媒体与社会》,王蕾译,中国传媒大学出版社 2022 年版。

[2] [美]伯格:《数字媒体技术教程》,王崇文、李志强、刘栋等译,机械工业出版社 2015 年版。

[3] [美]泽林提斯:《用户至上的数字媒体设计》,傅江、张茫茫译,中国青年出版社 2014 年版。

[4] [美]吉科:《超连接:互联网、数字媒体和技术—社会生活》,黄雅兰译,清华大学出版社 2019 年版。

[5] [美]奥里斯祖斯基、法恩、罗特:《剧场数字媒体设计与技术实践指南》,张宜春译,知识产权出版社 2023 年版。

[6] 丁向民主编:《数字媒体技术导论》,清华大学出版社 2021 年版。

[7] 王建一、吕德生编著:《数字媒体设计图形图像理论基础》,中国铁道出版社 2021 年版。

[8] 张小毅、袁静主编:《数字媒体技术基础(微课版)》,科学出版社 2020 年版。

[9] 浦理娥、娄自婷、张平主编:《数字媒体技术基础及应用》,北京航空航天大学出版社 2022 年版。

[10] 杨亮:《数字媒体时代下动画设计创新发展研究》,吉林大学出版社 2022 年版。

[11] 黄瑞芬:《数字媒体环境与视觉艺术创新》,吉林美术出版社 2019 年版。

[12] 朱云:《数字媒体创意设计思维》,同济大学出版社 2020 年版。

[13] 张琪:《数字媒体设计》,吉林美术出版社 2019 年版。

[14] 司占军、贾兆阳主编:《数字媒体技术》,中国轻工业出版社 2022 年版。

[15] 刘俊芳:《数字媒体技术及应用研究》,吉林科学技术出版社 2022 年版。

［16］刘琴琴、王哲主编:《数字媒体技术与应用》,人民邮电出版社 2023 年版。

［17］关海鸥主编:《数字媒体技术及应用》,中国农业出版社 2020 年版。

［18］任乾华、张晶:《数字媒体技术及应用》,延边大学出版社 2020 年版。

［19］张琦琪、曹蓓蓓主编:《数字媒体技术基础实训指导》,中国铁道出版社 2021 年版。

［20］燕杰、黄艳:《新数字媒体技术的应用研究》,电子科技大学出版社 2020 年版。

［21］苏东伟主编:《数字媒体技术基础》,高等教育出版社 2017 年版。

［22］杨磊:《数字媒体技术概论》,中国铁道出版社 2017 年版。

［23］符水波主编:《数字媒体技术基础》,中国铁道出版社 2016 年版。

［24］詹青龙、董雪峰主编:《数字媒体技术导论》,清华大学出版社 2014 年版。

［25］鲍虎军、章国锋、秦学英:《增强现实:原理、算法与应用》,科学出版社 2019 年版。

［26］杜明、尹枫、李柏岩等编著:《数字媒体应用技术》,电子工业出版社 2023 年版。

［27］李蔚倩:《数字技术视野下的新媒体艺术设计》,吉林美术出版社 2019 年版。

［28］孙宁:《数字媒体技术概论》,东北师范大学出版社 2017 年版。

［29］付晓东、荆俊红:《多媒体技术理论及其应用》,九州出版社 2018 年版。

［30］寸仙娥、王建书主编:《多媒体技术及应用》,北京邮电大学出版社 2016 年版。

［31］葛蓓柠:《交互式设计对数字媒体技术发展的影响与融合》,《营销界》2023 年第 11 期。

［32］陈青:《数字媒体技术与视觉传达设计发展研究》,《西部文艺研究》2023 年第 3 期。

［33］赵宛钰:《谈数字媒体艺术和影视创作的融合》,《艺术评鉴》2023 年第 12 期。

［34］何琳麟:《数字媒体设计中虚拟现实技术的应用》,《软件》2023 年第 7 期。

［35］土雪:《虚拟现实技术下数字媒体交互方式的创新探讨》,《数字技术与应用》2023 年第 8 期。

［36］许怡:《虚拟现实技术发展下的数字媒体艺术设计研究》,《鞋类工艺与设计》2023 年第 19 期。

［37］李飞:《基于人机交互技术的数字媒体移动端界面设计》,《长江信息通信》

2023年第11期。

［38］孙大兵：《数字新媒体时代下视觉传达设计新思路分析》，《佳木斯职业学院学报》2023年第11期。

［39］林烨：《数字媒体与虚拟现实技术的融合分析》，《电子技术》2023年第2期。

［40］姜辽：《虚拟现实技术与数字媒体交互应用》，《集成电路应用》2023年第1期。

［41］刘禹、李星：《基于数字媒体技术的交互产品设计策略研究》，《鞋类工艺与设计》2022年第24期。

［42］何枫、刘贯春：《数字媒体信息传播与企业技术创新》，《数量经济技术经济研究》2022年第12期。

［43］王雅洁：《AR交互技术在数字媒体技术中的运用探究》，《信息记录材料》2022年第12期。

［44］王超：《浅谈数字媒体技术对动画设计的影响》，《鞋类工艺与设计》2022年第22期。

［45］柏晨露：《VR技术与数字媒体技术的结合及其应用》，《信息与电脑（理论版）》2022年第21期。

［46］周焕焕：《交互技术在数字媒体领域中的应用》，《电视技术》2022年第10期。

［47］佘文明：《浅析虚拟现实技术下数字媒体交互方式的创新》，《电子元器件与信息技术》2022年第7期。

［48］徐佳琦：《数控技术和数字媒体技术在舞台创意设计中的应用》，《电声技术》2022年第7期。

［49］李玉浩：《基于数字媒体技术的交互产品设计》，《集成电路应用》2022年第6期。

［50］耿强：《数字媒体技术与虚拟现实技术的融合》，《数字技术与应用》2022年第5期。

［51］张实、张婉桐：《基于数字媒体技术的动画设计分析》，《鞋类工艺与设计》2022年第7期。

［52］缪丽萍、王健、王冬梅：《数字媒体技术的优势应用以及发展前景分析》，《电脑知识与技术》2022年第10期。

［53］汤颖：《计算机VR技术在数字媒体系统设计中的应用方法》，《数字技术与应用》2022年第3期。

［54］乜艳华、李懿人:《数字媒体技术在影视动画中的应用》,《集成电路应用》2022 年第 3 期。

［55］张宇:《数字媒体技术与虚拟现实技术的结合研究》,《电脑知识与技术》2022 年第 5 期。

［56］唐丽丽、陈桂珍、许静:《计算机数字媒体与虚拟现实技术的融合策略》,《电脑知识与技术》2022 年第 4 期。

［57］周浩华:《基于虚拟现实技术的数字媒体艺术设计创作研究》,《肇庆学院学报》2021 年第 6 期。

［58］鲁提甫拉·吾西亚尔、其曼古丽·加马力丁:《计算机数字媒体在平面设计中的应用》,《无线互联科技》2021 年第 22 期。

［59］陈培波:《数字媒体技术在影视后期制作中的主要应用》,《黑河学院学报》2021 年第 11 期。

［60］顾婷婷:《数字媒体技术在现代动画设计中的应用》,《数字技术与应用》2021 年第 10 期。

［61］彭晓黎:《数字媒体技术在影视动画后期制作中的应用》,《电子技术》2021 年第 10 期。

［62］朱建华:《虚拟现实技术在数字媒体设计中的应用》,《无线互联科技》2021 年第 19 期。

［63］张艳:《数字媒体技术在交互产品设计中的应用》,《数字技术与应用》2021 年第 9 期。

［64］李函真:《关于数字媒体技术在电影中应用的研究》,《吉林省教育学院学报》2021 年第 9 期。

［65］崔亮亮:《加速 5G+ 媒体"化学反应"》,《通信产业报》2023 年 5 月 9 日第 12 版。

［66］刘潇颖:《数字技术支持下新媒体艺术设计的新趋势》,《中国文化报》2022 年 7 月 5 日第 3 版。

［67］刘艳茹:《"互联网+"环境下数字媒体融合及发展路径探索》,《科学导报》2022 年 10 月 11 日第 B3 版。

［68］刘肖勇、雷锦萍:《聚焦数字技术变革下的物联网前沿技术研究与应用》,《广东科技报》2022 年 11 月 4 日第 12 版。

［69］王曼:《深度应用数字技术重构全球文化价值链》,《中国贸易报》2022 年

12月1日第3版。

［70］杜沁雨：《基于数字媒体技术的影视后期制作创新实践》，《中国艺术报》2023年9月1日第7版。

［71］张儒赫：《广告设计中数字媒体艺术的应用研究》，《中国文化报》2023年4月26日第3版。

［72］李文敏：《新媒体时代下数字媒体艺术在影视动画中的应用研究》，《山西市场导报》2023年12月7日第D8版。

［73］张晶、郑成胜：《打开城市数字媒体新空间》，《社会科学报》2023年11月16日第4版。

［74］赵新乐、洪玉华：《阿里鱼：巧用数字技术创新多场景应用》，《中国新闻出版广电报》2023年9月14日第5版。

［75］赵慧颖：《以数字技术赋能非遗创新发展》，《中国文化报》2023年9月19日第3版。

［76］陈斯：《数字媒体如何丰富人类视听体验？》，《北京青年报》2023年4月9日第A8版。

［77］江耘、何亮：《用智能技术预演"未来已来"》，《科技日报》2023年10月8日第2版。

［78］王凯、萧海川：《数字技术赋能文化产业催生新动力》，《经济参考报》2023年4月13日第A5版。

［79］Thilo von Pape, Veronika Karnowski, *The Mobile Media Debate*: *Challenging Viewpoints Across Epistemologies*, New York: Routledge. 2024.

［80］Georgios Samaras, "Book Reviews: *The Capitol Riots. Digital Media, Disinformation, and Democracy Under Attack* by Sandra Jeppesen, Michael Hoechsmann, Iowyth Hezel Ulthiin, David VanDyke, Miranda McKee（Eds.）", *The International Journal of Press/Politics* Vol.28, 2023.

［81］Niamh Ni Shuilleabhain, Emma Rich, Simone Fullagar, "Rethinking Digital Media Literacy to Address Body Dissatisfaction in Schools: Lessons from Feminist New materialisms", *New Media & Society* Vol.25, 2023.

［82］Xingyu Chen, Ling Jiang, Cong Shi. "Road to Micro-celebration: The Role of Mutation Strategy of Micro-celebrity in Digital Media", *New Media & Society* Vol.25, 2023.

[83] Xiaoyi Sun, "Book Review: Trans Media Storytelling in East Asia: The Age of Digital Media", *New Media & Society* Vol.25, 2023.

[84] Jay Newell, Erin Wilgenbusch, "Book Review: Brand Storytelling: Integrated Marketing Communications for the Digital Media Landscape", *Journal of Advertising Education* Vol.27, 2023.

[85] Dale Ballucci, Molly-Gloria Patel, "Digital media 'changes the game': investigating digital affordances impacts on sex crime and policing in the 21st century", *Information, Communication Society* Vol.26, 2023.

[86] Patrick Lee Plaisance, "Special Call from the Journal of Media Ethics: Media Ethics Symposium- 'Challenges to Digital Media Flourishing' October 2022, Pennsylvania State University", *Journal of Media Ethics* Vol.38, 2023.

[87] Amanzhol Bekmagambetova, Jason Gainous, Kevin M. Wagnerc, et al, "Digital Media Consumption and Voting Among Central Asian Youth: Why Democratic Context Matters", *Central Asian Survey* Vol.42, 2023.

[88] Shipra Raj, "Digital Media and Women's Political Participation in India", *Media Watch* Vol.14, 2023.

[89] Maza Maria T, Hulka Abby, Telzer Eva H, "The Broken Pipeline: Challenges in Disseminating Research on Adolescent Digital Media Use", *Translational Issues in Psychological Science* Vol.9, 2023.

[90] Jennifer M. Zosh, Mengguo Jing, Jane Shawcroft, et al, "Moving Beyond Quality and Quantity: Approaching Children's Digital Media Use with More Nuance", *Translational Issues in Psychological Science* Vol.9, 2023.

[91] 邹佩:《以数字技术打造产业传媒新范式》,2019年3月,央视网(http://news.cctv.com/2019/03/25/ARTIUYCc57YBGf8nhJ1wtup6190325.shtml)。